中公新書 2184

山崎 亮 著

コミュニティデザインの時代

自分たちで「まち」をつくる

中央公論新社刊

まえがき

最近、講演会に呼んでもらうことが多くなった。平均すると、毎月10回ほどどこかで講演している。コミュニティデザインという聞き慣れない職業を標榜《ひょうぼう》したせいで、「それはいったいどういう仕事なんだ?」という問い合わせにも似た講演依頼をいただくことが多いようだ。

美味しい食事と気持ちいい温泉が大好きな僕は、講演依頼が両者を備えた地域からのものだと二つ返事で引き受ける。こうして講演回数はどんどん増えることになる。多くの場合、講演会の最後には質疑応答の時間が設けられる。初めて聞く仕事内容だという人が多いせいか、質問も多岐にわたる。それらの質問にひとつひとつ答えていくうちに、質問がいくつかに類型化できることに気づいた。「コミュニティデザインを始めようと思ったきっかけは?」「地域に入ったとき、まずは何から始めますか?」「コミュニティデザインの成果は何ですか?」「コミュニティデザインの教科書は書けませんか?」など、どの地域でも出る質問というのがいくつかある。きっと僕がしっかり説明できていなかった点なのだろう。なかには前著『コミュニティデザイン　人がつながるしくみをつくる』（学芸出版社）を隅から隅まで読んでくれて、それでもわからなかった点を質問として会場に持ち込んでくれる人もいる。ありがたいことだ。これまで書いた文章のなかでうまく説明できていなかった点がどこなのかがよくわかる。

そこで、講演会場で多く出る質問をベースにした本を書いてみようと考えた。建設系の分野で勉強し、設計の実務を経験した人間が、どうして「つくらないデザイン」を目指すようになったのか。日本の総人口が減ることとコミュニティデザインとの関係性はどうなっているのか。質問に答えるように、ひとつずつ文章を重ねていくと、エッセイのようにひとつひとつ読みきりタイプの原稿になった。

書き終わった原稿を並べ替えてみると、いくつかの特徴に分かれていることに気づいた。そこで、それぞれの文章を次の4つの視点で分類してみた。1つ目は「なぜいま、コミュニティが注目されるのか」という視点。コミュニティの衰退やつながりの希薄化はなぜ進むのか、人口減少社会ではどんな課題が出現するのか、まちはなぜ寂しくなったのか、僕たちは「公共」をどう考えるべきかなどについて、思うところを書いたつもりだ。2つ目は「つながりのデザインって何？」という視点。コミュニティデザインとは何か、住民参加型のデザインにおける注意点、まちの豊かさをどう考えるべきかなどについて考えた。3つ目は「プロジェクトを通じて知り合った人に関するエピソード」。プロジェクトの参加者がどう変化したか、中山間離島地域で生活する人たちから学ぶこと、集落を支援する人材の大切さなどについて述べている。4つ目は「コミュニティデザインの進め方」という視点。ファシリテーションの方法、話の聴き方や事例の調べ方、会場の雰囲気のつくり方、行政職員との付き合い方、コミュニティデザイナーの育て方などについてまとめた。

以上のように分類した読みきりタイプの原稿を、それぞれ「なぜいまコミュニティなのか」「つながりのデザイン」「人が変わる、地域が変わる」「コミュニティデザインの方法」という4章にまとめた。体系だったコミュニティデザイン論を語るほど自分の思考と実践が整理できているわけではない。思いつくままに書き散らかした原稿を4つの袋に分けて入れるのが精一杯。相互に矛盾したことを述べている箇所があるかもしれない。気になる点があれば、ぜひ講演会やワークショップ等で質問して欲しい。インターネット経由でいただいた質問に答えるのはあまり得意ではない。実際に対面しながら語り合うのが好きだ。じっくりと対話しながら質問にお答えしつつ、いつかまたそれらをまとめた書籍をみなさんにお届けしたい。

本書は、前著『コミュニティデザイン』と対をなす本だといえよう。『コミュニティデザイン』がこれまで関わってきたプロジェクトを紹介する本だとすれば、本書はそれらのプロジェクトに関わろうと思った動機や背景を解説する本だといえる。したがって、本書のなかには『コミュニティデザイン』で詳述したプロジェクトがいくつか登場する。プロジェクトの概要は本書の巻末（255ページ）に示したものの、もし詳細を知りたいという方がいれば前著も合わせてお読みいただくことをお薦めする。

「つながりをデザインする」とは、まことにわかりにくい表現である。「バラの笑顔」のように暗喩的な響きを持つ言葉とも受け取られよう。しかし、自分が普段関わっているプロジェクトを省みるに、やはり僕が携わっているのは「つながりをデザインする」ことなのだと感じてしまう。本書を通じて、コミュニティデザインの5W1H、「なぜ」「いつから」「誰と」「何を」「どこで」「どうやって」が少しでも伝えられれば幸いである。

目次

コミュニティデザインの時代——自分たちで「まち」をつくる

第1章

なぜいま「コミュニティ」なのか

1. 自由と安心のバランス

つながりが分断された社会

「孤立死なんて毎月ありますよ」とマンション管理会社の社員は軽く笑いながら話した。この会社、都内にかなり多くの管理物件を持っているそうだ。そのいずれかから、毎月のように孤立死の報告があるという。彼もかつては報告があるたびにショックを受けていたのかもしれない。ただ、そのとき僕の前にいる彼は、薄笑いを続けたまま毎月発生する孤立死のことを語った。その異常な事態を笑い飛ばすことでしか自分の精神状態を保ったまま仕事ができない、ということなのかもしれない。理由はどうであれ、こんな社員を生み出してしまうような社会はどこかが間違っている、と感じた。

マンションによっては壁の厚さが20センチしかない場合もある。壁にもたれながらテレビを観ている、その背中のわずか20センチ隣に、亡くなってから3ヶ月も気づかれずに放置されている老人が横たわっている。それに気づかず生活し続けられてしまうというのは、つながりのなさもここに極まれり、という気持ちにさせられる。わずらわしい人とのつながりはないほうがいいとはいえ、ほとんどの人がここまでつながりが分断された社会を生きたいと望んだわけではないだろう。

人とつながりにくい社会になったのか。確かにそういう側面もあるだろう。ただし、現代でもその気になれば人と人が知り合い、協力してものごとに取り組む機会はある。なくてもつくり出すことはできる。特に人口減少時代には、そのきっかけが増えるだろうし、増やさねばならないと感じる。

つながりのなかに生きる社会

後述するとおり、日本の総人口は減るし、ハード整備偏重時代は終わる。まちのことは行政にお任せ、とはいっていられない時代がくる。となると、公共的な事業に住民の参加が不可欠になる。21世紀は住民参加の時代だということになる。

ところが、この住民参加は21世紀になって新しく登場した概念ではない。いまより人口がもっともっと少なかった江戸時代、日本の適正人口規模だと考えられる3500万人で日本の国土に人々が暮らしているときから、まちのマネジメントはそのまちに住む人たちによって行われていたのである。このことを「住民参加」と呼んでいたかどうかはわからない。きっと「参加」という意識はなかっただろう。自分たちのまちのことを自分たちでマネジメントすることは「当たり前」なことだったはずだ。いまではほとんど見られなくなったが、家の前の道の掃除はそこに住む人たちがやったものだし、その道自体も地域に住む人たちが協力してつくったものだ。「道普請《みちぶしん》」という言葉があるとおり、かつてはみんなで道をつくっていた。土を運ぶ人、水を運ぶ人、道を叩く人、石を積む人、食事をつくる人など、それぞれが役割分担して作業した。作業が終わったらみんなで食事したり酒を飲んだりしてさまざまな情報を交換したり、楽しんだという。こうした作業を通じて、誰がどんな特技を持っているのかを相互に理解した。こうした作業や飲み会を通じて、地域のコミュニティはそのつながりを何度も確認し合っていたといえよう。

こうしたつながりが、地域に住む人たち同士の安心を生み出していた。具合が悪い人がいればすぐにわかったし、みんながお見舞いに訪れた。仕事がなくなった人がいたら、みんなが食事をおすそ分けしに行った。次の仕事を見つけるのも手伝った。当然、結婚相手も地域の人たちが紹介してくれた。家のなかに引きこもる人がいれば地域の人たちみんなが心配した。話し合って、家の外へ出てくるきっかけをみんなでつくったものだ。

ところが、道をつくるという作業を行政に任せるようになり、住民がまとまりをつくる機会がひとつ減ることになる。ほかにも、家の屋根を葺《ふ》く作業、冠婚葬祭など、住民が集まってやっていたことを誰かに任せるようになると、確かに便利な気がするものの、次第に個人がバラバラになり、人と人とのつながりが希薄化していくことになる。

「つながり」と「しがらみ」

こう書くとかつての地域コミュニティはいい点ばかりだったように感じるかもしれない。しかし、少し想像すればわかることだが、これほどのつながりは時として人を窮屈にさせる。自分が何をしているのかが周囲の人にすぐ知れ渡る。少し派手な格好をして出かければ、家に戻るころには近隣にその話が伝わっている。協同作業が多いため、しょっちゅう呼び出されるし、断りにくい。生活における自由はある程度制限されるわけだ。

日本の農村集落は特にこうしたつながりが強い場所だった。たとえば、江戸時代の年貢は組頭に対して定められるため、組頭は自分の組に所属する人たちから一定の米を集めねばならない。どこかの家が不作なら、ほかの家が少しずつ出し合ってでも規定の年貢をかき集めなければならない。どこかの家がサボって米をあまりつくらないことになれば、ほかの家が迷惑するし、組頭も迷惑することになる。だから相互を監視することにもなる。あるいは隣の組に水を盗まれたら規定の米を納められなくなる危険性が高まる。水泥棒が出ないように水路を見張る係が必要になる。田んぼに水を入れる時期には、集落から交代で見張り番を出さねばならない。そのほか、家の屋根の葺き替えにしても、結婚式や葬式にしても、ひとつの家族ではできない作業量である場合が多いので、地域に住む人たちが協力して執り行ってきた。こうした協同作業が多いため、自ずと地域コミュニティの結びつきは強固になった。

「お客さん化」する社会

ところが明治以降、年貢が廃止されて税金が個人に課せられることになった。組頭はみんなから税金を集める必要がなくなり、個人は国に税金さえ納めていれば隣人とつながる必要もなくなった。さらに工業化が進み、農業ではなく工業に従事する人が増えた。農村部から都市へ出て工場で働くようになると、農業に比べて自宅の周りに住む人たちとの協同作業は驚くほど少ないことに気づく。個人の生活に干渉する人が少ないことに気づく。「これは暮らしやすい」ということになる。ドアを閉めれば隣の人が何をしていても関係ない。誰ともつながらない時間を確保することができる。自由が謳歌できる。さぞかし快適だったろうと推察する(もちろん、隣人との人間関係から解放されたものの、かつてにも増して工場や会社に縛りつけられていることに気づく日が来るわけだが)。

こうなると、生活も個人単位になっていくし、まちからも〝協同の風景〟が消えていく。「道普請」なんて懐かしいことをやろうとする人はいない。道路というものは行政が専門家に頼んでアスファルトを敷いてくれるものだという認識になる。掃除も行政が頼んだ専門家がやってくれるものだという話になる。道路にヒビが入ったり落ち葉が溜まっていたりすると、住民は行政に電話して専門家を派遣してもらう。行政はすぐに対応する。住民はどんどん「お客さん化」するわけだ。かつて、いくつかの役所に「すぐやる課」なるものが誕生したことがある。住民から電話があったらすぐに対応するという課なんだという。「すぐやるべきかどうか」をしっかり考えないと、電話すればすぐにやってくれるだろうと思う人が増え、住民はますます「お客さん化」する。「集客都市」という言葉が流行《はや》った時期もあったが、お客さんばかりを集めた都市になりかねない。つくるとすれば「あなたと一緒にすぐやる課」だろう。主体的にまちへと関わる人たちの意識を取り戻さねばならない。

「活動人口」という考え方

日本各地で人口が減少している。「定住人口が減るなら交流人口を増やそう」という話になることが多い。つまり、お客さん人口を増やそうというわけだ。ところが、お客さんがたくさんまちに入ってくると、ゴミを捨てて帰る人たちが増えるということになる。本当にそれがまちの未来像としていいものなのかがわからなくなる。定住人口が減るから交流人口を増やして何とかしようとするのもいいが、むしろ「活動人口」を増やすという手もあるのではないか。定住人口が減っても、市民活動などに関わる人たちが増えていれば、まちは豊かになるのではないだろうか。活動人口が増えれば人のつながりが増えることになり、孤立化していた市民がひとまとまりのコミュニティを形成することになる。まちの元気度合いを測る数値は定住人口と交流人口だけではなく、活動人口もあるのではないかと考えている。

隣人と協同して掃除すらしないから、近所に誰が住んでいるのかもわからない状態になる。その結果、引きこもりだとか孤立死だとか無縁社会だとかいうことが問題になってしまう。誰ともつながらず、都市生活を謳歌していたつもりが、気づいたらつながりがなさすぎて「生きにくい」社会のなかにポツリと立っていたというわけだ。さらには、そんな孤独な家族に生まれる子どもがいて、彼らが成長してさらに孤独な社会をつくることになる。これが何世代か続いたのだろう。いまでは地方都市でもつながりがないことによる弊害が顕在化するようになってきた。孤立死は東京だけの問題ではなくなっている。

いいあんばいのつながり

しかし、この流れが変わろうとしている。理由はいくつかある。ひとつは「まちのことは行政にお任せ」とはいっていられない状態になってきたということだ。税収が減っているんだから、もう「いたれりつくせり」の行政はない。地域に住む人たちが力を合わせてまちのマネジメントに参加しなければならない。あるいは主体にならねばならない。もうひとつは、つながりのなさが行き着くところまで行って、逆に「もう少しつながっていたい」と感じる人たちが増えてきたということだ。日常的に無縁社会が話題になり、引きこもりや鬱《うつ》や自殺や孤立死が社会問題となり、西日本と東日本で巨大な地震が起きた結果、多くの人たちがつながりの大切さを見直した。これを機に流れを変えなければならない。ちょっと特殊な100年間にできあがってしまった常識ではなく、その前にあった常識を参考にした「懐かしい未来」を共有しなければならない。「道普請」のように人とつながりながらまちをマネジメントする「まち普請」のあり方を考えねばならない。

とはいえ、「昔に戻ろう」というスローガンが必要なのではない。税制が変わり、ある程度生活も個人化された後のつながりを模索するのだから、人々はかつてのような強いつながりを求めているわけではない。しがらみの多い社会に戻りたいわけではない。現代を生きる人たちにとって、つながりがなさすぎるのは生きにくいが、つながりがありすぎるのも生きにくいのである。どれくらいの強度であれば快適なつながりなのか。僕たちはいま、コミュニティデザインという方法を使って「いいあんばいのつながり」がどれくらいの強度なのかを探っているところだ。自由と安心のバランスを調整しながらコミュニティデザインに取り組んでいるといえよう。

2. まちが寂しくなった理由

活動の屋内化とコミュニティの弱体化

江戸時代の図絵を見ると、まちなかでいろんなことが起きているように描かれている。道端でも広場でも神社でも、会話したり物を売ったり三味線を奏でたりしている。まちが賑わっているし、みんな楽しそうだ。若干の誇張はあるだろうが、事実とまったく違う風景を描くわけにもいかないだろうから、ある程度は実際に賑わっていたのだろう。各地の図絵を見る限り、江戸の市街地だけでなく、大坂や京都、東海道の宿場町なども同様に多くの人がまちの屋外空間に出てきて、いろんなことをしていたはずだ。

それに比べて現在の地方都市は寂しい。特にまちの屋外空間が寂しい。祭りが行われていない限りは、屋外空間で物を販売したり、立ち話をしたり、音楽を演奏したりという風景を見ることはほとんどない。特に戦後は、こうした行為のほとんどが屋内空間に取り込まれていくことになる。屋外に立っていた市が常設の市場になり、スーパーマーケットになり、ショッピングセンターになる。音楽も室内で演奏されるようになり、井戸端会議も会議室で行われるようになる。天候や気温に左右されず、常に同じ状態が保たれる室内空間が誕生すると、まちの屋外空間で行われていた活動はほとんど室内に逃げ込むことになる。その意味では、エアコンの登場がまちを寂しくしたといえるかもしれない。さらに、夏のエアコンは室内空間を快適にするのみならず、廃熱を屋外空間に出してヒートアイランドを形成する。これではまちの屋外空間で活動したい人がいなくなるわけだ。

もうひとつ注目しておきたいのは、屋外空間を使いこなしていたコミュニティの弱体化である。僕は仕事上、コミュニティという言葉をよく使うので、便宜上「地縁型コミュニティ」と「テーマ型コミュニティ」の2種類に分類している。分けようと思えばいくらにでも分かれるのだが、とりあえずこのふたつに分けておくと話が伝わりやすい。

地縁型コミュニティというのは、その場所に住むことによって生まれる縁でつながったコミュニティである。代表的な地縁型コミュニティは、自治会、町内会、商店街組合、老人クラブ、婦人会、子ども会などが含まれる。こうした、かつてはまちの屋外空間でさまざまな活動を展開していた地縁型のコミュニティが、徐々にその力をなくしていったのも戦後である。自治会の加入率が下がり、子ども会に入る人が減り、婦人会や老人会で活動する人も少なくなった。こうした人たちがまちなかで行っていた祭りや縁日やイベントなどが少なくなるとともに、まちなかで会って立ち話をするという風景も見られなくなってきた。まちの屋外空間が使われなくなってきた背景には、エアコンの普及と地縁型コミュニティの弱体化があるといえよう。

公共空間をどうするか

ところがデザイナー（建築家）はそう考えない。広場が人に使われなくなったのは、そのデザインが古びたからだと考える。時代に合ったデザインに変えれば、また多くの人たちが広場を使うはずだと考える。そして斬新な広場をデザインする。戦後、各地にさまざまなデザインの広場がつくられてきたが、その多くがほとんど人に利用されないまま、いまも残されている。

広場や道路に人が集《つど》わなくなったのはデザインが古びたからではない。屋外空間でやっていたことが室内でできるようになったからであり、屋外空間を使いこなしていた地縁型コミュニティがその力を弱めたからである。すでに子ども会が成立しなくなっている地域は多い。自治会の活動がほとんど停止している地域も多い。こうした地域に斬新な広場だけをつくっても、「まちの活性化」なるものが達成されるとは思えない。ところが、ランドスケープデザイナーとして広場や公園を設計していた時期の僕は、「人が集う広場のデザインはどうあるべきか」ということを考えていた。細かいところまでこだわって丁寧にデザインすれば、人は必ずその空間を訪れるはずだ、という信念まで持っていた。まちの構造的な変化に気づいていなかったといえよう。汗顔の至りである。

人口が増えていた時代ならそれでよかったのかもしれない。子どもが増える時代には、公園をつくれば多くの子どもが遊びに来たし、自治会や婦人会に加入する人が増えている時代には広場でいろいろなことが行われたことだろう。公園や広場をきっちりデザインすれば、まちに貢献することができたはずだ。ところが時代は変わった。いい空間をつくるだけで人々が集うということがほとんどなくなった。むしろ重要なのは、弱体化した地縁型コミュニティの代わりにどんなコミュニティが屋外空間を使いこなすのか、ということである。まちを賑やかにするためには、斬新な広場のデザインが必要なのではなく、斬新な広場のマネジメントが必要なのである。

屋外空間を使いこなす主体については、地縁型コミュニティに代わってテーマ型コミュニティを集める必要がある。テーマ型コミュニティは同じテーマに興味を持つ人たちのつながりである。福祉や環境や趣味などのテーマに応じて集まる人たちがつくるコミュニティだ。将棋サークル、テニスサークルのように、サークル活動として認識されるようなコミュニティも多い。この種のコミュニティに属する人たちは、必ずしもその地域に住んでいる必要はない。興味さえ合えば、遠く離れたところに住んでいてもテーマ型コミュニティに所属することは可能だ。クラブ、サークル、NPO法人など、さまざまなコミュニティの形態をとることになるが、こうした人たちがまちの屋外空間を使いこなすための仕組みをつくることが重要になる。

ところが、これまでまちの空間は誰でも使ってもいいとされてきたわけではない。広場にも道路にも河川にも公園にも、それぞれの空間を管理する法律や条令があり、してはならないことがたくさん決められている。したがって、放っておけばテーマ型コミュニティがまちの屋外空間で活動し始めるかというと、そうならない場合のほうが多いだろう。

そこにマネジメントが必要になる。先の地縁型コミュニティだけでなく、テーマ型コミュニティにもまちの屋外空間を使いこなしてもらいたいこと、どこに問い合わせればそれが可能になるのか、どんな活動が奨励されるのか、などを明示する必要がある。テーマ型コミュニティは活動に際していくつかの課題を抱えていることが多い。自分たちの活動を広報するためのチラシやウェブサイトをつくるのが難しい、活動場所が有料で活動のたびに費用がかかっている、発表の場が少ないことで活動のモティベーションが上げられない、新しいメンバーを募るための場が少ないことなど。こうした課題を解決しつつ、ほかの活動団体と知り合ったり、協力して新しい活動が展開できるようになったりするきっかけをつくることが重

有馬富士公園でテーマ型コミュニティが主催する
水生昆虫の観察会

要である。

新しいコミュニティが関わる仕組みをつくる

テーマ型コミュニティのマネジメントによって屋外空間が楽しい場所になった最初の経験は、兵庫県立有馬富士公園のパークマネジメントである。公園の周囲で活動していた40以上のテーマ型コミュニティが、それぞれの活動を公園内で行うようになり、日常的に来園者を楽しませるプログラムが開催されるようになったのである。たとえば、凧《たこ》づくり、凧揚げ、水生昆虫の観察会、里山探検、パソコン教室、音楽の演奏会など、園内各地でさまざまなプログラムが曜日や時間を決めて実施されている。それぞれのコミュニティが独自のファンをつくり、活動するたびに来園者を誘い、年間来園者数も少しずつ増えていくことになった。

有馬富士公園の実践によって、「自由に使える空間」と「テーマ型コミュニティ」の組み合わせによって、そのプログラムを目当てに多くの人が集うことがわかったため、鹿児島市内にあるマルヤガーデンズというデパートでのコミュニティデザインを依頼されたときは、コミュニティの活動空間を垂直に積んだようなマネジメントを提案した。10層のフロアに1ヶ所ずつガーデンと呼ばれる「自由に使える空間」を準備してもらい、デパート周辺で活動するテーマ型コミュニティを訪ねて誘い、各階のガーデンで活動してもらうことにした。コミュニティが開催するプログラムを目当てにして来館した人たちが、帰りに少し買い物をするという、コミュニティとショッピングの掛け合わせが生まれることを期待したのである。当初40団体からスタートしたテーマ型コミュニティは、開館1年後には140団体近くに増えたという。プログラムの実施日数も少しずつ増えていると聞く。嬉しいことだ。

デパートで垂直に展開したコミュニティとショッピングの関係性は、水平に展開しても同様の効果が期待できるだろう。宮崎県延岡市の延岡駅周辺の活性化に関するコミュニティデザインを頼まれた際には、「自由に使える空間」と「テーマ型コミュニティ」の組み合わせを駅周辺地域へと水平に広げることを提案した。駅前広場、駅なか、商店街の空き店舗など、駅周辺の「自由に使える空間」をリストアップするとともに、延岡市内で活動するテーマ型

延岡市の駅前で複数のコミュニティが共催した社会実験イベント

コミュニティをリストアップし、ワークショップを開催しながら「空間」と「コミュニティ」の組み合わせについて話し合っている。60人からスタートしたワークショップは、1年間続ける間に120人が集う場となり、延岡駅周辺の各所でさまざまなプログラムが行われる気運が高まってきた。すでに駅前広場でいくつかの団体が協力したプログラムの実験が行われるなど、コミュニティのやる気はかなり高まっているといえよう。これに呼応するように商店街組合も立ち上がり、空き店舗のオーナーに交渉して店舗をコミュニティに貸してもらえるよう話をしたいと申し出てくれた。連合自治会や商工会、青年会議所もそれぞれの役割を担いたいと言ってくれている。今後の延岡駅周辺がどのように展開していくのか、とても楽しみである。

大阪の天王寺に誕生する近鉄百貨店の新しい本店は日本一の床面積を誇るデパートになる。この広大な床面積の各所に「自由に使える空間」を準備するということで、大阪内各所はもちろんのこと、奈良や和歌山からもテーマ型コミュニティが集まる場所にするべく、マネジメントプランを検討している。マルヤガーデンズの数倍の広さがあるデパートだけに、コミュニティの活動以外にもいくつかの仕掛けが必要だと感じている。デパートで買い物することとコミュニティの活動に参加することなどがすべて情報化されて、クラウドでカテゴライズされた情報が来館者にフィードバックされるような仕組みを提案しているところだ。

興味深いのは不動産会社が「空間」と「コミュニティ」の関係に注目し始めていることだ。大阪市の北加賀屋地域では、空き地を農地にしてテーマ型コミュニティの活動場所にしつつ、空き地のマネジメントによってエリア全体の価値を高めようとしている。これもまた楽しみなプロジェクトである。空き地や空き家をそのまま放置するだけではエリアの価値が下がってしまう。それをうまく活用することによってエリア全体の価値が上がるのであれば、空き地自体がお金を生み出さなくても全体的な効果はあるという発想である。不動産会社が所有する空き地を農地に変え、地域住民がそこで農作業を楽しむ「クリエイティブファーム」というプロジェクトを進めている。この地域はもともとアーティストなどが活発に活動していた。今後は、空き地で展開される農の活動とアーティストの活動が相互に影響を与え合うような仕組みをつくりたいと考えている。

オープンスペースの価値を高めることによってエリア全体の価値を高めるという発想は、19世紀のイギリスやアメリカで公園が誕生したときと同じ発想である。イギリスのバーケンヘッドパークやアメリカのセントラルパークが誕生することによって、その周辺の不動産価値が高まったことは有名な話だが、人口が減少する21世紀の日本においては、新たに公園を整備するのではなく、空き地をうまくマネジメントすることによって周辺の不動産価値を高めるという方法が有効なのかもしれない。エリア一帯の不動産を所有する会社ならではの発想だといえよう。

佐賀市では同様に、複数の空き地をうまくマネジメントすることによって、中心市街地全体の価値を高めようとしている。中心市街地の空き地を行政が借り、その場所を芝生広場とするとともにコンテナを用いた仮設の雑誌図書館を配置する（コンテナと広場の設計は建築家の西村浩さんが担当した）。毎月発刊されるさまざまな雑誌が常に無料で閲覧できるコンテナは多くの人に利用され、そこでさまざまなイベントが行われる。こうした空き地が周辺の空き家の価値を高め、空き家の借主が現れたり、リノベーションが進むことになることが期待されている（空き家のリノベーションは建築家の馬場正尊さんが担当する予定）。こうして周辺が賑わってくると、コンテナは別の空き地に移動し、その周辺の賑わいを生み出そうとする。

こうした空き地のマネジメントに地域のコミュニティがどう関わるのかを考えるのが僕たちの役割である。

いずれにしても、新しく空間をつくることだけでなく、空間とコミュニティの掛け合わせも含めて、周辺地域にどんな価値を波及させることができるのかが模索され始めたというのは興味深い。室内を快適にすればするほど、まちの活動は室内化されるし、地縁型コミュニティの活動だけを期待していれば活動主体が減少していってしまうことになる。まちの屋外空間とテーマ型コミュニティとをどのように組み合わせるのかが、人口減少時代のまちにとって大切な視点となるだろう。

3.「昔はよかった」のか

人口の増減についての空想

地方都市や集落へ行くと、いつも聞かされる言葉がある。「昔はよかったんだけどな」。旅館の主人も商店街の役員も役場の職員も同じことを言う。「昔はこの地域も人がたくさんいて、商店街には人が溢れていたんです」。そして、人口統計のグラフを見せてくれる。そのグラフはいずれも1920年から始まっていて、当初の人口がどんどん減って現在に至るような右肩下がりを示している。確かに、かつては賑わっていたんだろう。それがいまでは人口が5分の1になってしまった。何とかしてかつてのような賑わいを復活させたい。人口を増やしたい。そう考えることになるのだろう。

どの市町村へ行っても見せられる人口減少のグラフは、国勢調査が始まった1920年以降のデータばかりだ。市町村別のデータを示すことができるのがこの年からだからなのだろう。そうなると、地方都市は軒並み人口が減少しているグラフになる。特に戦後は急速に人

図1-1 現在から前後100年間の人口の増減

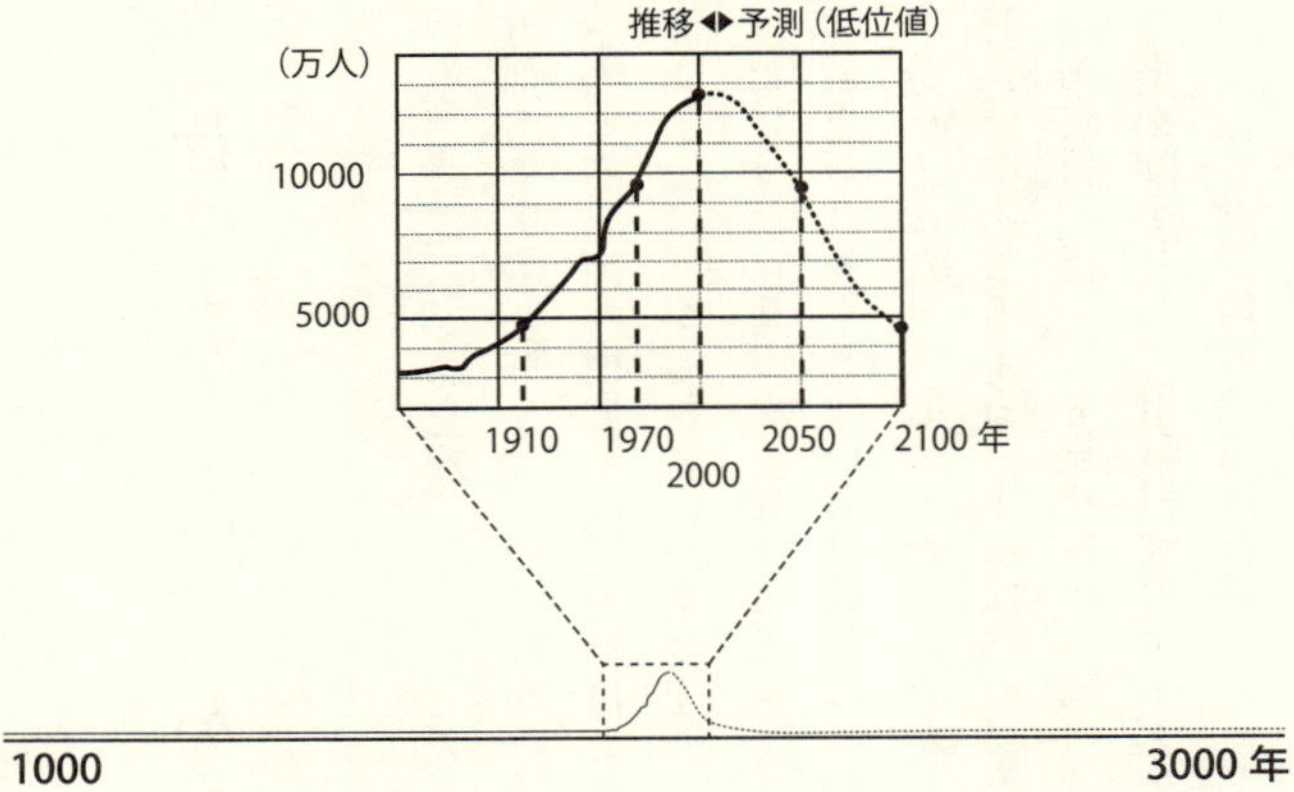

口が減少している。このグラフを見て、どの年代の人たちも「昔はよかった」という話をする。実体験としても、昔は人がたくさんいて、商店街も元気で、祭りも自分たちの力でできていた。ところが最近はそれが成立しなくなった、というのである。

そんな話を聞きながら、ふと考えることがある。仮にグラフをもっと過去に伸ばすことができたら、それはどんな形になるのだろう。１９２０年よりも前の人口統計があったとして、たとえば西暦１０００年から３０００年までの人口推計をグラフに示すとしたらどんな形になるのだろうか（図１－１）。これについて、市町村別のデータが手元にあるわけではないが、日本全国であればいくつかの予測がある。日本の総人口は、長い間３０００

万人から4000万人だった。それが1900年から2000年までの100年間で急激に1億3000万人弱まで増えている。次の100年でまた急激に人口が減るとすれば、2100年までにはまたもとの4000万人レベルに戻るのか。それはまだわからない。一説には2100年には日本の総人口が6000万人になるといわれている。2150年には何万人だろう。2200年にはどうか。人口がまた4000万人くらいになる日がくるのかもしれない。そうだとすると、西暦2000年を挟んで前後100年の間に4000万人くらいの総人口が急激に1億3000万人近くまで増え、そしてまた4000万人近くまで減るということになる。長い歴史を考えれば、むしろこの200年というのは人口が特異なほど増加して減少した時期だったということになるかもしれない。その前後1000年の間は、ずっと人口4000万人くらいで過ごしてきた国が日本だったということなのかもしれない。だとすれば、僕たちは相当特殊な時代を生きていると考えたほうがいい。

日本の適正人口

以上は空想である。が、日本の総人口は3500万人くらいがいいのではないか、という説がある。つまり、日本が鎖国しており、海外からそれほど多くの物資を輸入していなかった時期に、国内で生活できていた人口が参考になるのではないか、という説である。もちろん、国民1人が使う水の量もエネルギー量も違う時代の話なので、そのまま受け取るわけにはいかないが、考え方の参考にはなるだろう。たとえば、日本全国に降った雨量だけで日本人の水需要を賄うとしたら何万人くらいが養えるか。海外から輸入される水がないとしたら、あるいは野菜や肉などが含むバーチャルウォーター（仮想水）を一切考えないとしたら、日本国内の水だけで日本人が生きていける人口は何万人くらいだろうか。鎖国時代の3500万人という人口がひとつの参考になるはずだ。同様に、日本の土に化学肥料などを入れず、有機農法で土の回復力だけを頼りに作物を育てたとして、食べていける日本の人口は何万人くらいか。日本国内の樹木を使ったバイオマスエネルギーだけで生活できる人口はどれくらいか。いずれも、3500万人というのが無理せずに生きていける日本の適正人口規模なのかもしれない。

だとすれば、当然現在の総人口は多すぎる。多すぎる分は、海外から輸入した水や野菜や肉、無理矢理生み出したエネルギーなどに頼って生きていることになる。人口が減ることは不幸なことなのか、それとも適正な規模に戻ろうとする健全な動きなのか、僕たちはもう一度考えてみる必要がある。太りすぎた日本のダイエットに無理が生じないよう、緩やかに適正な体重まで戻していくための政策が必要なのかもしれない。

話を市町村に戻そう。日本全国の人口が減り、これが適正人口規模へと近づいているとすると、それに先駆けて人口が減り始めた地方の市町村はまさに理想的な人口規模へと近づきつつあることになる。だとすれば、人口が減少していることを嘆くだけでなく、それぞれのまちや流域で生活できる適正な人口規模を見据え、その人口に落ち着くまでのプロセスを美しくデザインすることが肝要である。1920年以降の人口減少を踏まえて「昔はよかった」というばかりでなく、「昔は少し無理をしていた」と考えてみると、さらに長い歴史のなかで適正だった人口規模に戻ろうとする地元の将来像がどうあるべきかをポジティブに考えることができるかもしれない。人口10万人の市が5万人に向かおうとしているのであれば、それに抗って人口を再増加させようとするのではなく、すでに5万人になっているまちがどのように幸せな生活を実現させているのかを研究すべきだろう。

人口減少先進地における実践

そのとき気をつけなければならないのが人口構成である。西暦1000年から1900年まで、ずっと3万人規模だった地域が、その後の100年で10万人になったとする。さらに2000年から100年かけて、かつてと同じく3万人の人口規模に戻るとしても、その人口構成はかつてとはまったく違ったものになるはずだ。かつての3万人は若い人が多く、高齢者が少ない人口ピラミッドだったはず。ところが、これから迎える人口3万人は若い人が少なく高齢者が多い人口ピラミッドになる。したがって、単純に昔へ戻ればいいというわけではない。高齢者が多い3万人でどう楽しく生きていくか。若い人と高齢者がそれぞれの持ち味を活かして幸せに生きていくことができるか。これは、ある程度過去に学びつつも、まったく新しい生き方のビジョンが必要になる時代だといえよう。

そのヒントは、すでに日本の中山間離島地域でいくつか誕生している。若い人たちがポツポツと都会から田舎へ移動し始めているのだ。たとえば、「まさかこんな場所で?」と思うような山奥で、ポツリとカフェを経営している若者がいる。離島で雑貨屋を経営している夫婦がいる。そんな人たちの話を聞いていると、これまで気づかなかったことを気づかされることが多い。まず、そんな田舎でカフェや雑貨屋をやってお客さんは来るのか、ということが気になる。ところが「来る」そうなのだ。田舎でカフェがオープンしたという噂は一気に広がる。近隣の町村にまで広がる。地元の若い奥さんや高齢者などが、「わがまちにもカフェができた」と喜び勇んで来店する。都会から友達が遊びに来たときにも、田舎の良さを活かした雰囲気のいいカフェに連れて行きたいと思うらしい。友達が友達を連れてカフェを訪れる。毎月、おしゃれな雑誌が読めるというのもありがたいそうだ。こうした理由から、田舎のカフェには定期的にお客さんが訪れる。東京の渋谷でひとつのカフェがオープンしてもそれほど話題にならないかもしれないが、田舎に農家を改装したカフェができたという噂は多くの人に影響を与え、来店する気持ちを促すことになる。その結果、カフェで地域の人たちと偶然会うことになることも多い。そこでいろいろ話をするうちに、自分たちの将来について、集落の将来、まちの将来についても話し合うことがあるという。中山間離島地域でワークショップをすると、1回目と2回目との間に明らかにどこか別の場所に集まってまちの将来について話し合ってきたな、と感じるようなチームと出会うことがある。よくよく話を聞いてみると、チームの何人かが偶然カフェに居合わせて、いろんな話をするうちに「そういえばこの前のワークショップのときの話だけどさぁ」という話題になるそうだ。町役場に集まる公式なワークショップの場以外に、参加者たちが非公式に集まって話し合うカフェでの会話が、結果的にまちづくりの話し合いを加速させることになっているというわけだ。

こうしたカフェを経営する人に聞いてみると、「儲かりはしないけど生活はしていける」と答える人が多い。カフェを経営しつつ、お菓子や雑貨をつくり、それをインターネットで販売している。中山間離島地域のインターネットは速い。地域ICT（情報通信技術）利活用広域連携事業などを利用して、ほとんどの地域に光ケーブルが敷設されている。ところがそれを使う人が少ない。よって、ほぼ「自分専用回線」になる。東京や大阪の光ケーブルは多くの人とシェアして使うので速度は伸びないが、集落で使う光ケーブルは他に使っている人がいないので快適そのものである。もちろん、家賃や材料費は安い。手伝ってくれる若い奥さんの人件費も安い。だから、それほど多くのお客さんが来なくても何とか経営していけるというのだ。東京で就職して、初任給を20万円もらったとしても、月々の家賃や諸経費に10万円、食費や交際費に7万円使ってしまえば、自由になるお金は3万円程度である。貯金ができたとしても月々1万円程度。一方、田舎でカフェをやっている人の家賃は一軒屋でも1万円程度。5000円という人もいるくらいだ。食費や諸経費を含めても5万円程度しかかからないという。合計6万円。カフェの経営で月々10万円の所得があれば、自由に使えるお金は4万円ということになる。なかには月収15万円のうち10万円を貯金しているというツワモノもいる。

「適疎」を目指して

東京で暮らして、不動産屋やレストランに給料のほとんどを貢いでいることに疑問を感じた若者が、同等かそれ以上の可処分所得が手に入る田舎での暮らしを目指すのも無理はない。可処分所得だけではない。田舎でカフェをやることになれば、その材料を地域の農家から調達することになる。流通の問題によって、長い間適正価格で農作物を買い取ってもらえなかった農家としても、地元にできたカフェが適正価格に近い価格で農作物を買い取ってくれることはとてもありがたい。カフェの存在が地域経済に貢献することにもなる。さらに前述のとおり、地域のまちづくりを加速させる拠点ともなり得る。こうしたやりがいのある仕事につきたいと、都会を離れて田舎カフェや雑貨屋を始める若者が増えている。

田舎のカフェへ行くと、地域の若い女性たちだけでなく、年寄りたちも店にいることが多い。さらに、観光客と思しき人たちもガイドブックを片手にカフェを訪れている。こうした人たちに話しかけ、交流を促しているのが、若いカフェのオーナーなのである。こんな仕事にあこがれる若い人たちが増えているのは、これからの社会にとって大きな希望だと感じる。

カフェだけではない。地元の産業のあらゆる側面に都市部からの移住者が入り込み、地元の人たちだけではできなかったような新しい取り組みに挑戦している。もちろん、彼らも地元の人たちに協力してもらわなければ無力である。外部から来た人たちと内部に住み続ける人たちが、うまく協働し始めた地域から、人口減少時代の新たなビジョンを示しつつある。僕が関わっている島根県の離島、海士町《あまちょう》でも約2300人のうち250人以上がIターン者であり、島外から来た人たちが新しい事業を次々に興《おこ》している。頼もしい限りだ。

東京の方法がその他の地方都市にとって参考にならない時代がやってきた。都心部に超高層マンションを建てて、部屋を売り切ったお金で開発費を支払い、残りを利益として手に入れる。有名なショップを組み合わせて呼び込めば人が集まる。そんな開発型の利益モデルは、ほとんどの地方都市にとって参考にならない。むしろ、緩やかに人口が減っていく地方都市において、若者と高齢者の関係をうまくつなぎながら、あるいは地域の資源をうまく活かしながら、幸せに暮らしていく方法にこそ多くの人が興味を持ち始めている。人口が増えなければ利益が出ない、地域経済が成長しなければ豊かになれない、という発想ではなく、地域の適正人口規模を見据え、目標とする人口規模になったときに地域でどう暮らしていくのかを考え、それをひとつずつ実践することが重要なのである。人口が減りすぎたことを「過疎」として嘆くばかりでなく、適切に疎《まば》らである「適疎」を前提としてまちの将来を考えることが求められる時代になったといえよう。

日本の市町村別の人口統計は1870年代からわかるそうだ。これまでに合併等を繰り返しているため、現在の市町村に合わせた人口へと合算しなければならないが、機会があれば一度調べてみるといいだろう。あなたの地元の人口は、長い間どれくらいの規模だったのか。無理せず暮らしていけた時代の人口規模を見据えつつ、将来の人口規模をイメージしながら今後の生き方を模索するのがいいだろう。そこから、新しい地域のイメージが立ち現れるだろうし、新しい日本のイメージが浮かび上がることになるはずだ。

4. 人口減少先進地に学ぶ

人口減少社会

日本の人口が減り始めた。2008年を境に、ずっと増加してきた日本の総人口が減少に転じたのである。戦争や災害などの影響ではなく、自然に人口が減るのは日本の歴史上初めてのことらしい。1億3000万人弱まで増えた人口は、増えた速度とほぼ同じペースで減り続けると予測されている。2050年には約9500万人になるというから1970年代と同じくらいの人口規模になる。2100年には約4500万人、1910年と同じくらいだ。

この100年間、日本全体の人口は3倍になるまで増え続けてきた。そして次の100年間でまたもとの人口規模に戻っていく。これは地方都市も同じである。少し前までの100年間に日本中の地方都市が人口を急増させてきた。農村部の人口が地方都市に集中したため、自然増加だけでなく社会増加としての人口流入が激しく起こった。その結果、地方都市の市

図1-2 総人口に占める農村人口の割合

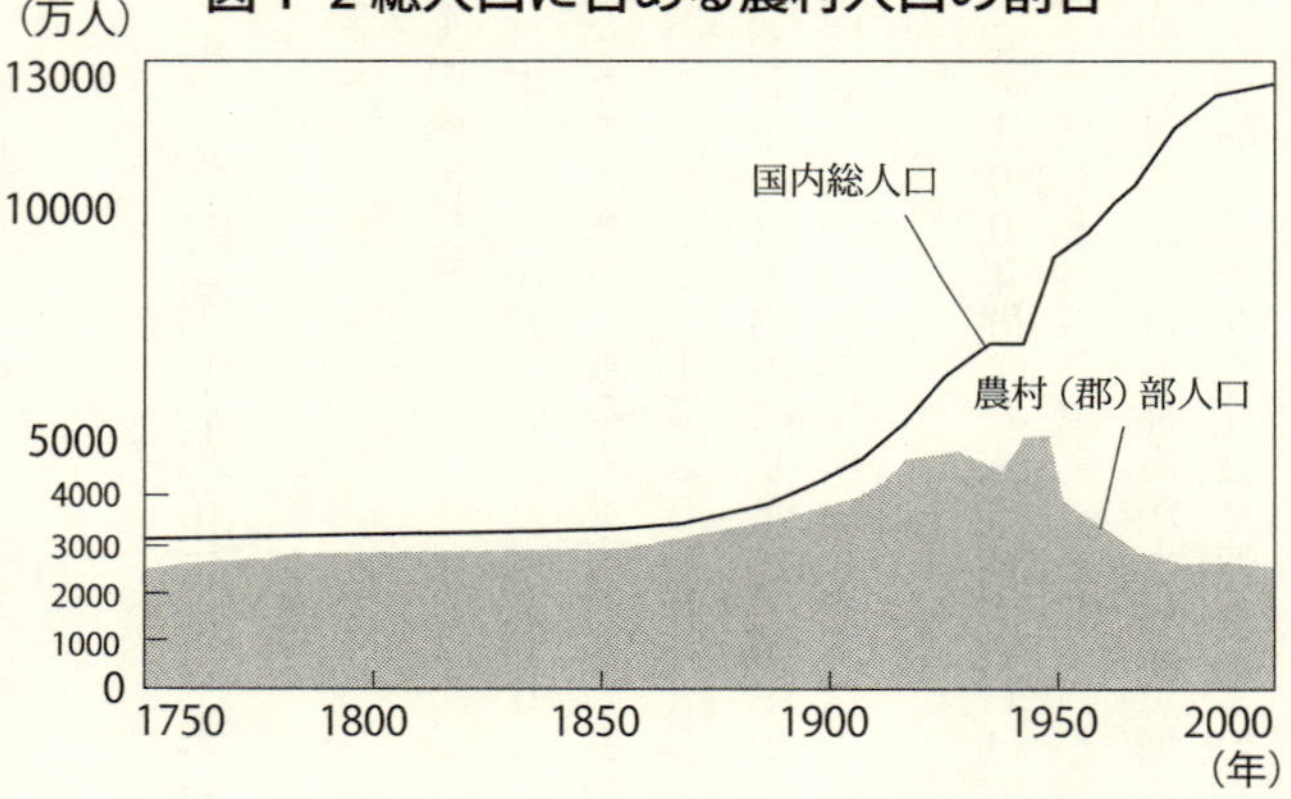

国内総人口と農村部人口の推移
(国勢調査グラフを加工)

街地面積は広がり、商店街も拡大し、鉄道駅周辺が賑わった。

ところが最近は地方都市の中心部に元気がなくなっている。人口の自然減に加えて、さらに大都市へと若者が流出し始めたため、地方都市の若者がどんどん減っているのである。商店街は空き店舗が多く、シャッターが下りた店舗が並ぶ。若い人が店を継がないため、いまの主人が店を閉めたら最後というところが多い。

戦前までは、日本人口の8割が農村部に住んでいた。戦後、緩やかにこれが逆転し、高度経済成長期には日本人口の8割が都市部に住むことになった(図1－2)。当然、中山間離島地域の集落では人口が激減した。20世帯以下しか住まない小規模集落のうち、半数以上が65歳以上の高齢者だという限界集落が全国で増加し、いずれ消滅する可能性がある集落は全国で2600以上、このうち420ほどの集落が今後10年以内に消滅する可能性が高いといわれている（国土交通省「国土形成計画策定のための集落の状況に関する現況把握調査最終報告」平成19年による）。それだけではない。昭和35年以降これまでの間にすでに約2000もの集落が無人化の末、消滅しているのである。それぞれの集落には独特の文化や伝統があり、水の取り扱いなどに関する共有のルールが存在した。こうした知見は集落ごとに違っていたため、すでに2000種類の文化や伝統や地域独特のルールが消滅したことになる。それらはいずれも記録されることなく、この世に存在しなかったことになってしまった。

人口減少先進地

日本の将来人口について、もう少し詳しく見ておこう。都道府県別の人口推計を眺めると、どの地域が日本の最先端なのかがよくわかる。2005年から2010年の間に、人口がかなり減った県は、秋田県、山形県、和歌山県、島根県、山口県、長崎県である。逆に、減っていないか増えているという都道府県は、東京、横浜、名古屋、仙台、博多、神戸など、大都市を抱えている都県やその周辺の県に多い。それ以外の府県は、この5年間に人口が若干減っているということになる。このとき、日本の最先端を走る都道府県はどこかといえば、

図１-3　都道府県別人口予測

2005-2010
人口増加率
大阪
宮城（仙台）
東京
福岡（博多）
神奈川（横浜）
愛知（名古屋）
2015-2020
人口増加率の予測①
大阪
宮城（仙台）
東京
福岡（博多）
神奈川（横浜）
愛知（名古屋）
2025-2030
人口増加率の予測②
大阪
宮城（仙台）
東京
福岡（博多）
神奈川（横浜）
人口増加率
０％以上
－２～０％
～－２％

考えようによっては前述の秋田県や島根県などの人口減少先進地だということができる。なぜなら、2020年、2030年の都道府県別人口予測を見ると、おおむねどの県も人口がかなり減ることになっているからである（図1－3）。東京や神奈川などは、2020年になってようやく人口がやや減り始める。そのころになって、小学校の統廃合や商店街の空洞化などを体験することになるだろう。しかし、秋田や島根にしてみれば、そんなことはもうすでに20年前から体験していることである。2020年になって慌てている東京や神奈川に対して、秋田や島根は人口が減少した先にどんな課題が発生するのか、それをどう乗り越えればいいのかを提示することができるだろう。人口が減って、小学校が廃校になるとどんな年齢層が地域からいなくなるのか。さらに減ってガソリンスタンドが閉鎖するとどんなライフスタイルの家族が地域からいなくなるのか。さらに人口が減って郵便局が地域からなくなるとどんな問題が起きるのか。こうしたことをすでに20年前から経験している人口減少先進県こそが、新しい時代に対応したライフスタイルや政策を立案することになるだろう。

これを市町村ごとに考えるとさらにわかりやすい。人口増加時代の市町村では、常に人口の将来予測が「50年後に倍増」とされてきた。5000人の町は1万人になるし、10万人の市は20万人になる。100万人の都市は200万人になるわけだから、常に人口が多い都市を見に行けば、自分たちの将来像がつかめたわけだ。そう考えれば、日本全国で最先端なのは東京であり、いずれ人口が増え続ければ東京に近づいていくんだから、先進事例を勉強しようと思えば東京へ出かけるのが上策だった。ところが、2008年を境にして、東京自身が気づかないうちに東京は先進地ではなくなってしまった。いまや、日本の6割以上の市町村は、50年後の人口が「倍増」ではなく「半減」すると予測している。10万人の市は5万人になるし、1万人の町は5000人の人口になることがわかっている。だからこそ、いま全国の市町村が求めている情報は、「人口が減っているにもかかわらず楽しそうに暮らしているまちにはどんな秘密があるのか」、「人口が少ないにもかかわらず住民の満足度が高いまちにはどんなカラクリがあるのか」ということである。これからも人口が増え続ける東京は、世界都市としてメキシコシティやサンパウロと競い合い、世界に名だたる大都市としての生き残りをかけて闘えばいいだろう。しかし、そのことは日本のその他の市町村にとってほとんど参考にならない。東京の表参道で行われていることを参考にして、地方都市の商店街を活性化することはかなり難しい。

中山間離島地域のアドバンテージ

それでは、どんな市町村がこれからの時代の先進地になり得るのだろうか。都道府県の県庁所在地だろうか。きっとそうではないだろう。都道府県のなかでも中山間離島地域と呼ばれる不便な場所で、すでにここ何十年も人口が減り続けている市町村こそ、眼前にさまざまな課題が立ち現れ、その対応に追われてきた「人口減少エリート」たちが住む地域である。この人たちが発明する日々の工夫や対応策は、人口が減少する地域のなかで何をすべきなのかを僕たちに教えてくれる。

たとえば、僕たちが関わっている島根県の海士町は、境港からフェリーに乗って約4時間北上したところにある離島である。人口減少先進地である島根県のなかでも、さらに僻地《へきち》に位置する離島である。高齢化率だけを見ても、その先進性は明らかだ。全国の高齢化率が22％に達するよりも10年早く島根県全体は同じ数値に達していた。その島根県全体よりもさらに15年早く海士町は22％の高齢化率に達していたのである（図1－4）。全国平均に25年先駆けて高齢化問題に取り組み続けた離島は、そのほかにもさまざまな課題に取り組み続けてきた。こうした中山間離島地域での取り組みが、最近注目されつつある。人口減少時代、高齢社会化時代を生きるほかの市町村から熱いまなざしが注がれているのである。海士町だけでなく、徳島県の上勝町《かみかつちょう》や神山町《かみやまちょう》など、人口1万人以下の町が実行していることに全国が注目し始めている。

日本の将来に対する知見は、人口減少先進地で発明されることになるだろう。日々、目の前で起きる人口減少関連課題に取り組み続ける人たちのなかからこそ、日本の先進事例が生

図1-4　日本と島根県と海士町の高齢化率

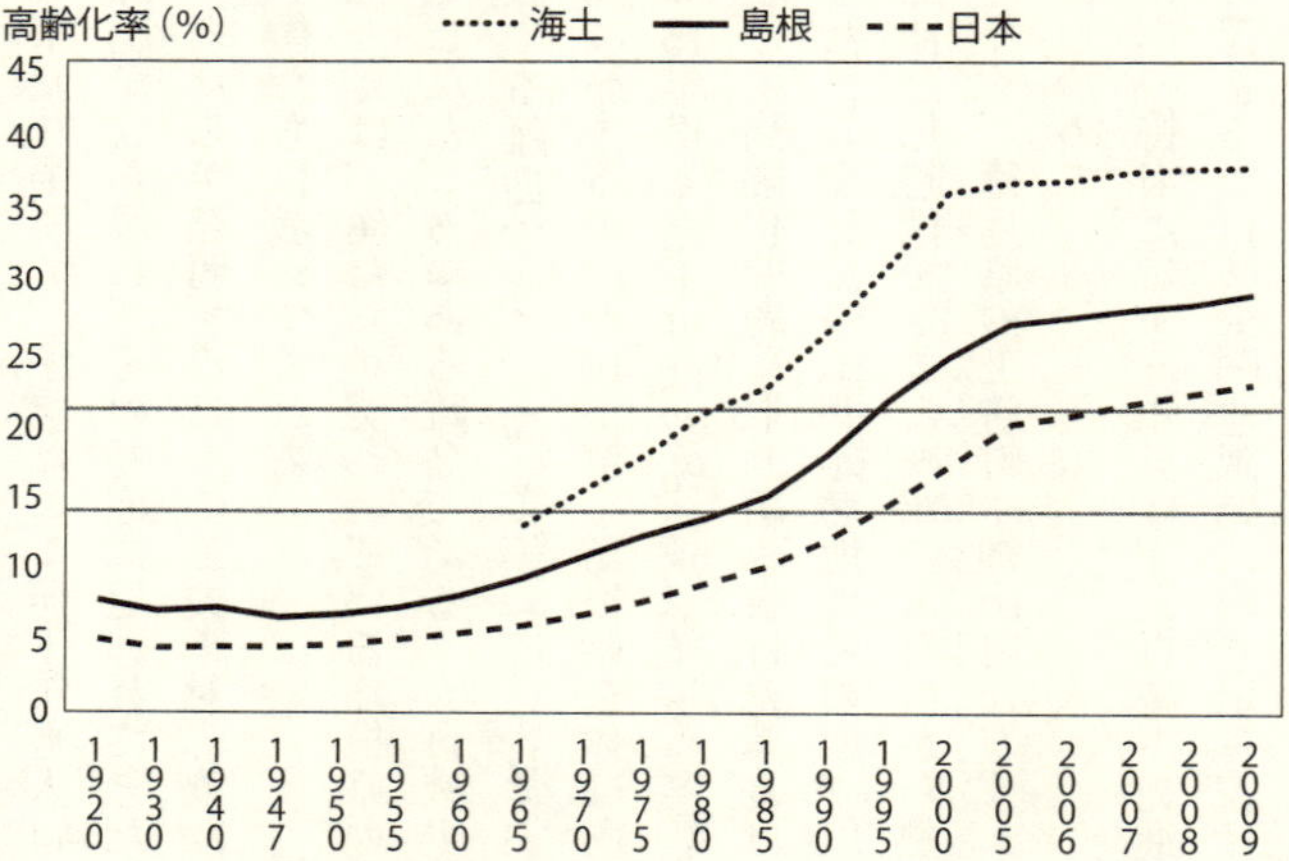

参考：国立社会保障・人口問題研究所「人口統計資料集」表2-9、表12-14／2011年版しまね統計情報データベース「人口推計」

まれることになるはずだ。

人口減少先進国から何を発信するか

さらに大風呂敷を広げてみよう。日本は世界に先駆けて人口が自然減になった国である。いわば人口減少先進国なのである。北欧とイギリスはかなり昔から人口が横ばいか微減だったが、日本ほど急激に人口減少しているわけではない。したがって、人口減少社会に対する決定打がこれらの国から生まれるとは考えにくい。むしろ、アジアの各国が日本の背後から追いかけてきている。韓国は2019年から、中国は2016年から、それぞれ人口減少社会に突入するといわれている。中国における人口減少は一人っ子政策の影響で、日本よりも急激なものになると予測されている。もし日本が人口減少社会における新たなビジョンを示さなければ、確実に中国がそのビジョンを示すことになるだろう。ドイツやロシアも今後人口減少社会となる。先進国のいずれもが、今後人口減少社会を経験することになる。そのとき、日本から世界のモデルとなるような事例を発信することができるかどうかは、日本における人口減少先進地がどう立ち回るのかにかかっている。つまりは、日本の中山間離島地域や地方の中小都市が、限界集落やシャッター商店街に対してどんなビジョンを示すかによるというわけだ。

約１５０年前、外圧をきっかけにして日本が内側から大きく変化したとき、維新の風は鹿児島県や山口県や高知県や佐賀県から吹いてきた。いままた、これまでとはまったく違う時代が訪れようとしている。このとき、先駆的な動きを見せるのは大都市だろうか。それとも、人口減少先進地である中山間離島地域だろうか。

ところで、図１-３の日本地図をもう一度ご覧いただきたい。大都市を抱えているにもかかわらず、この5年でいち早く人口減少に転じている場所がある。大阪府と京都府だ。このふたつの「府」は、大都市を抱えているにもかかわらず、東京や神奈川や愛知とは違ってすでに人口が減り始めている。優秀である。先駆けている。僕はこれからも、大阪と京都を拠点にしつつ、中山間離島地域で仕事をしていきたいと思う。

5. ハード整備偏重時代の終焉

「つくる時代」の終わり

日本の総人口が減る。年齢構成が変わる。特に、生産年齢人口が減ることは明らかだ。となれば、税収も減るだろう。所得税率を大幅にアップしたり、消費税率を革命的に引き上げたりしなければ、税収が自然減となることは明白だ。ところが、そんなに急に税率をアップすることは難しい。文字通り革命が起きてしまう。革命とまではいかなくとも、政変が起きる可能性は高い。となれば、与党がそのリスクを冒してまで税率の大幅アップを決断できるとは思えない。

したがって、行政の財源は減らざるを得ない。地方分権が進み、地方が自らやらねばならないことは増えるにもかかわらず、そのための予算は年々減らされる時代が続く。そんな時代を生きる市民が「まちのことは行政にお任せ」という態度では役所が立ち行かなくなるだろう。建設業についていえば、これまでのように「ハコモノをつくってくれれば地域が潤う」という発想は成り立たなくなる。2006年の国土交通白書には、公共事業に関する予算が激減する可能性が示されている。国がこれまで道路や橋梁《きょうりょう》やダムや公共施設など「社会資本」の整備にかけた費用は2000年までずっと増え続けてきた。ところが2000年の約18兆円を境にして、社会資本整備の費用は減少に転じている。2006年以降の費用は予測だが、日本の人口推計とほぼ同じような山型をした社会資本整備費用の推計は、緩やかに山の裾野へと降りていくように2030年まで減少を続けている。

なかでも、社会資本整備の「新設」に関わる費用は2020年にほとんどなくなっている。ということは、図書館や博物館や美術館を新しく建設するための費用がなくなるということだ。この予測を知った当時、建築の設計に携わっていた僕は時代の変化を大きく感じた。

建築家の「すごろく」が変わる

これまでの建築家は頭のなかに独特の「すごろく」を持っていることが多かった。すごろくのスタートは住宅の設計。親戚や友人のツテを辿って住宅を設計したがっている人を何とか見つけ出す。幸いにして設計を依頼してもらったら全力でそれを設計する。できあがった「作品」を美しく撮影して、建築の雑誌社へと送付する。これが認められて「作品」が雑誌に掲載されれば幸運だ。次の仕事が舞い込みやすくなる。こうして個人住宅を何件かデザインし、集合住宅の設計を頼まれ、商業施設やオフィスビルなどの設計も頼まれるようになる。「すごろく」がさらに進むと、ついに公共施設の設計を頼まれるようになる。小さな公民館でも公園のトイレでも、公共施設のデザインとなればちょっとしたステータスである。さらに規模の大きな図書館、市役所、博物館を設計し、最終的には美術館を設計するようになると「いよいよ巨匠だな」ということになる。

そんな建築家たちにとって、件《くだん》の社会資本整備費の推計は認めたくないデータだ。何しろ、公共施設の新設は2020年にほとんどなくなってしまう。若手の建築家が巨匠になろうと思うなら、あと7年以内に美術館を設計しなければならないわけだ。現代の若手建築家が生きる時代は、1941年生まれの建築家・安藤忠雄さんや伊東豊雄《とよお》さんが生きた時代とは違うのである。新しく公共施設を建設する費用がどんどん増えた時代に国内で多くの設計を経験し、その成果が認められて海外で活躍するようになった建築家像を夢見ていたら、若手建築家の未来は総じて危ういものとなるだろう。この推計によれば、2020年以降は新しい公共施設を建設する費用がないばかりか、古くなった施設を更新する費用もなくなっていくのである。公共施設のリノベーションすら危うい状態だ。唯一残された予算は、すでにつくってしまった公共施設の維持管理にかける費用である。ここをどう工夫するかが重要になる。残された維持管理費を、単なるメンテナンスに使うだけでなく、いかにマネジメントするかが重要になるはずだ。限られた資金を使って公共空間を効果的にマネジメントする方法が求められる時代になるだろう。

時代の変化

一方、必ずしも左右対称の山型推計にはならないのではないか、という意見もあるだろう。そのとおりかもしれない。2006年の国土交通白書は自民党政権下で作成されたものだ。民主党政権になって、「コンクリートから人へ」というスローガンが掲げられたように、ひょっとしたらもっと早くに新設の公共事業がなくなるかもしれない。あるいは建設業界とつながりの強い議員から反発があって、もう少し長く新設の公共事業が発注され続けるかもしれない。いずれにしても、今後新しい公共事業がかつてのように増えるという未来は考えにくいだろう。

東日本大震災で建設業の仕事がかつてのように増えるのではないかという声を聞くこともある。ところが1995年の阪神・淡路大震災のときの災害復旧費を見てもらうとわかるとおり、震災に対する災害復旧費が社会資本整備費の全体に占める割合は低い。東日本大震災が未曽有《みぞう》の災害だったからといって、山型の推計グラフがもう一度盛り上がって山がふたつになるような推計にはならない、というのが実情だろう。

公共事業が減ることはわかったが、民間の建設事業は減らないだろうという意見もある。これについては、年間の新設住宅の着工戸数の推計が出ている。これまで、日本全国で毎年140万戸程度の新しい住宅をつくってきた日本の建設業だが、今後は年間60万戸程度に減少すると見られている。2015年からは日本の世帯数が減ることになっている。家族の数が減るのに新しい住宅を建設して欲しいという人が増えるとは考えにくい。住宅の新築着工数も今後は半分以下に減ると考えたほうが良さそうなのである。逆に空き家は増える（図1-5）。現在は全国平均して14%の空き家率だが、2060年にはこれが55%まで増加する。東京の銀座も含めた全国の平均で2軒に1軒は空き家になるというわけだ。もちろん、銀座の半分が空き家になるとは考えにくい。これが全国の平均値であることを考えると、中山間離島地域では3軒に2軒、あるいは4軒に3軒は空き家ということになるかもしれない。

これからの時代に何をすべきか

以上はたまたま建設業を例にとって説明したことだが、ほかの業界も人口減少時代にさまざまな変化が顕在化することになるだろう。教育業界も福祉業界も観光業界も、そのあり方を変えねばならないはずだ。そこにはアイデアが求められる。クリエイティブな発想が求められる。ひとつの方法が市民参加による事業推進だろう。公共的な事業のすべてを役所がや

図1-5 空き家率の推計（全国）

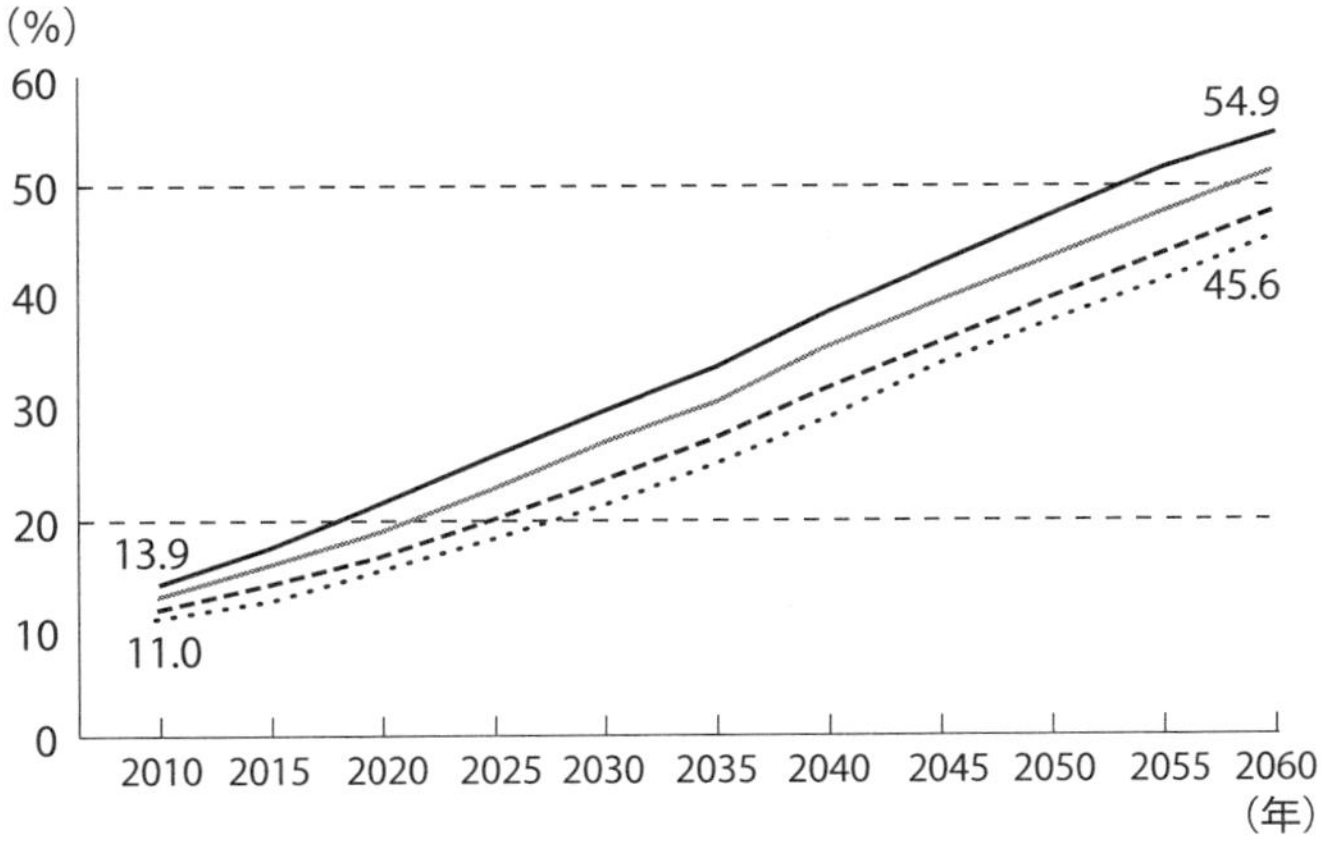

年間新設住宅着工数＝118.0万戸（近年の平均：1999〜2008年）
設定減失率　（5年／1年）
···· 設定1　7.57%／1.56%（1998-2003減失率）
--- 設定2　7.00%／1.44%
— 設定3　6.00%／1.23%
— 設定4　5.00%／1.02%
※減失率とは、住宅が寿命を迎えて取り壊される割合

資料：「住宅・土地統計調査」総務省、「建築着工統計」国交省、「日本の世帯数の将来推計」国立社会保障・人口問題研究所をもとに studio harappa が独自に作成。推計には2003年の住宅・土地統計調査の値を用いている。

る時代ではなくなることは確かなのである。「まちのことは誰かにお任せ」ではなく、「自分のまちのことは自分たちでマネジメントする」という態度がますます重要になる。こうした意識を持つ市民が多い地域ほど、クリエイティブな事業が生まれやすくなる。地元に住む人たちが工夫してまちの将来を創り出し、それを実行していく気運を高めることが大切だ。僕たちは、コミュニティデザインという方法によって、そのまちに住む人たち自身が自分たちのまちの課題を発見し、整理し、解決していくプロセスをデザインしたいと思っている。

人口はすでに減り始めている。中山間離島地域ではすでに20年間も人口が減り続けている場所もある。こうした地域では、独自の取り組みによって自らの地域の将来を創り続けている人たちがいる。それこそが日本の未来を示す先進的な取り組みであり、人口減少時代の地域経営におけるひとつのモデルなのである。僕はこの種の人たちと一緒に活動するのが楽しみでならない。

6. まちに関わること

つながりが希薄化する社会

「国民国家」という言葉は、国民を大切にする国家という意味ではない。その国に住む人たちを国民という単位に分解して、国家が一元的に管理するという仕組みを持つ国家のことだ。ところが、国民と国家が直接契約して、幸せな社会を創り出すという仕組みがどうも怪しくなってきた。個人と国家の間に、ある程度の「まとまり」が必要ではないかと考えられるようになってきた。

もちろん、いまでも「まとまり」は存在する。町内会、老人クラブ、婦人会、青年団、子ども会など、地縁型のコミュニティが存在する。しかし、最近ではこうしたコミュニティに属さない人が増えている。個人や家族がバラバラになり、直接市役所とやりとりするような機会が増えた。自分の家の前の道に落ち葉がたくさん落ちているから掃除しに来て欲しいということを、直接市役所に電話して伝える人が増えている。ところが、こうした方法は個人の側にも役所の側にもデメリットが大きいことがわかってきた。

個人の側でいえば、地域の人たちと知り合うきっかけが極端に少なくなる。協同して作業することが減り、近所にどんな人が住んでいるのかがわからなくなる。それでも困ったことがあればインターネットで質問すればいいという考え方もあるだろう。しかし、隣人と挨拶するきっかけもなく、いざというときに助けたり助けてもらったりする関係にない人たちが増えると、その地域に住んでいることに対する漠然とした不安が高まってしまう。当然、大きな地震などの災害が起きたときに「あの人が見当たらない！」と地域の人たちに気づいてもらえる存在にならない。日常的にも、孤立死などの危険性が高まる。

行政の側からすれば、人口が減り、税収も減り、できることがどんどん減っていく時代に、個人が行政に対して直接要望することになると、すべてに対応できなくなるという不安がある。高度経済成長期やバブル経済期は、税収が増えて役所の職員を増員したり、仕事を外注する予算がたくさん確保できたこともあり、個人と国家が直接やりとりするという仕組みがうまくいっていたように見えた。しかし、それはごく一時期のことだったのである。以前にも書いたとおり、「まちのことは行政にお任せ」という考え方ではまちがよくならない時代になってきた。行政に任せているのに、任せたとおりに行政がやってくれないと腹が立つことになる。不満が募る。多くの人が行政に任せてしまうと、任せることの内容も多岐に渡るし、任せたと思っていることの種類や方針もものすごい数になる。それをすべて行政が担うことは不可能である。しかも、行政が使える予算は年々減っている。行政だけではできないことがたくさん出てくる。

だからこそ、住民ができることは住民自らが取り組む必要がある。

まちの生まれ方を学ぶ

そもそも、まちは住民たちが話し合ってつくってきたものだということを理解してもらうためのワークショップをやることがある。行政も警察も消防も、必要だと思うから住民たちが話し合ってつくってきた仕組みである。そのことを、子どもたちが遊ぶワークショップから理解してもらうのである。

「まちをつくるワークショップ」と題したワークショップには、小学校の高学年の子どもたち100人と保護者が参加する。会場となる体育館の真ん中には、スーパーマーケットなどでもらってきたダンボールや梱包《こんぽう》材などを山積みにしておく。100人の子どもたちは10人ずつのチームをつくって、自分たちがつくりたい家について話し合う。大人たちは体育館の壁にもたれて子どもたちの作業を見守る。10人のチームでどんな家をつくりたいか決めたら、体育館の真ん中に積んである材料でそれぞれのチームが家をつくり始める。

子どもたちはどんどん家を広げていくので、隣の家との敷地境界をめぐってトラブルが起きる。そうすると、敷地境界について話し合うメンバーを各チームから一人ずつ出す。無計画に家を広げていくと、隣の家へのアプローチがなくなって出入りできなくなることもある。そうすると文句が出てくる。こうした揉《も》め事を収めるための人が必要になる。中央に置かれた材料がなくなると、隣の家が溜め込んでいたダンボールを勝手に取ってきて自分たちの家の材料とする子どもが出てくる。隣の家の壁を剝《は》がして材料を確保しようとする子どもも出てくる。ここでまた文句が出る。そういうことが起きないように見回る人をそれぞれのチームから出そうという話になる。ルールをつくろうという話になる。材料を交換できるような場所をつくろうという意見も出る。

こうして生まれてきたのがまちの仕組みである。警察であり、裁判所であり、市場であり、制度であり、道路であり、広場であり、市長である。自分たちが家をつくり、そこからまちをつくり、必要だから役割やルールをつくってきた。「つまり、まちはみなさんが生み出したものなのです。まちのことは私たちに関係ない、役所に任せておけばいいというわけではないのです」と子どもたちに伝える。もちろん、本当にそのことを伝えたいのは子どもではなく、周りでその様子を見ている大人たちだ。

主従関係をずらすコミュニティの活動

かつて、まちを自分たちの手でつくっていくというのは当たり前なことだったのだろう。それをいつの間にか行政が肩代わりしてくれることになった。きっと、初めて道路を行政がつくることになったときは、多くの人がそのことに感謝しただろう。自分たちがやってきた仕事を行政が代わりにやってくれる。ありがたい話だ、ということになったはずだ。ところが、その子どもや孫の時代になると、税金を払っているんだから行政が道路をつくるのは当たり前だ、という認識になる。行政がつくった道路にヒビが入ったり穴が開いたりすると、行政に連絡して補修させることになる。行政も「スイマセン、すぐ補修しに行きます」と対応する。こうした苦情や要望が毎日のように行政の各課に届く。住民同士が協同して作業することなく、まちのことはなんでも行政に頼もうとする。その結果、住民同士のつながりが薄れ、幼児虐待や鬱や自殺、孤立死などが発生し、これまた行政が対処することになる。こう考えると、つながりが減ることによって増えるのは行政の仕事ばかりだということになる。

行政がやるものだと思っていたことを住民が協力してやるようになると、住民同士の関係性が変わるようになる。たとえば、高齢者が集まるデイケアセンターに昼食の弁当を届ける仕事を行政から委託された業者がやっていた場合、交通渋滞で昼の12時を少しでも過ぎて弁当が到着しようものなら、集まった高齢者から文句がたくさん出たという。ところが、弁当の配達を業者ではなく元気な高齢者からなるNPOに委託するようになると、12時を過ぎて配達されても「いつもありがとう」という言葉が出る。自分と同じ高齢者が運んでくれることに対して、デイケアセンターの高齢者が感謝する。世間話が始まる。国家と国民、行政と住民の間に誰が入るのかによって、両者の意識が変わるということは十分にあり得る。

僕たちが関わった鹿児島のマルヤガーデンズでも同じような光景を目にしたことがある。マルヤガーデンズはデパートなので、普通に考えればそこにいるのは客と店員の二者だろう。ところがマルヤガーデンズの場合は、その間にコミュニティが入り込んでいる。地域で活動するNPOやサークル、クラブなどの市民活動団体が、各階のガーデンで活動している。そうすると、客とコミュニティと店員という三者の関係になるため、客と店員という二者の関係とは少し違った関係性が生まれることになる。「駐車券はどこでもらえるんだ？」と聞く客に対して「どこでしょうねぇ？」と答えるコミュニティのメンバー。客が驚いて「あんたは店の人じゃないのか？」と尋ねると、「私はあなたと同じ市民ですよ」と言う。その瞬間、客の偉そうな態度が急変して「あ、そうでしたか。スイマセン」となる。客と店員との間にコミュニティが入ることによって関係性が少し変わる。客と店員、住民と行政というように、はっきりとふたつに分かれた立場になってしまっていた関係性をコミュニティの存在が少しずらすことになるのだろう。このあたりから状況を少しずつ変えることができるのではないかと考えている。

専門家の領分

かつては道普請で道を住民たちが協力してつくっていたと書いた。ところが、現在の道路はアスファルトで固められており、専門家でなければつくれなさそうなものになっている。かつてはみんなでつくれたものが、専門家でないとつくれなくなったというのも、住民がまちに関わらなくなった要因のひとつかもしれない。土を固めて道がつくれた時代は、村の人たちの力を合わせて道を普請することができた。それがアスファルトとなると、村の人たちの力だけでつくるのは難しくなる。専門家が自分たちでなければできないことを増やし、そこに対価を発生させ、専売特許のようにして仕事をするようになってくると、住民はそれを専門家に任せざるを得なくなって、自分たちで力を合わせてまちに関わるということをしなくなってきたのかもしれない。コミュニティのあり方を考えるとき、専門家はどこまで専門的であるべきなのか、ということを考えねばならなくなる。

僕たちが関わってきた建築の分野も同じだろう。住宅や公共建築は建築家と工務店など、専門家でなければ建てられないと考えられてきたが、コミュニティの力で建物を建てることができないかを考えることも大切である。自らが力を合わせて建てた建築物は、建てる間にさまざまな技術を習得し、仲間をつくる。だからこそ、完成後に補修が必要になっても、自分で修理したり、仲間に頼んで修理を手伝ってもらうことができる。どうせ建物をつくるのなら、そのプロセスでコミュニティを生み出すことができるような「つくりかた」にしたいものである。

島根県海士町の旅館から依頼されたリノベーションの仕事は、地域の工務店にお願いして、プロでなければできない作業だけは工務店にやってもらいつつ、その他の作業は旅館の関係者や地域の人たちと一緒につくることにした。三重県伊賀市の製材所に私が代表を務めるstudio-Lの事務所をつくる作業でも、プロでなければできない作業以外は事務所のスタッフや大学生たちと進めている。

その場所を使う人がつくれば、使っている間に改変したくなったらいつでもつくり直すことができる。自分たちだけで作業できない場合は、仲間になった人たちにお願いして手伝いに来てもらうことができる。手伝ってもらったお礼に地域の特産品を使った料理を振舞うこともできるだろう。こうした料理をつくる際にも、地域の人たちに手伝ってもらい、逆に地域の人たちだけでは解決できないことが生じたときにはstudio-Lのスタッフが手伝うことができる。そうやっていくつものつながり（貸し借り）をつくっていくことが、地域で生きていくことなのだと思う。

7．パブリックとコミュニティ

「私」と「共」と「公」

コミュニティに関する仕事をしていると、プライベート（私）とパブリック（公）ということを考える機会が多い。コミュニティの活動が盛り上がって、まちを賑やかにするために道路で何かイベントをやろう、広場にお店を出そう、河川敷で音楽を演奏しようなどと計画するのだが、実際にはやれないことのほうが多い。あれはダメ、これもダメ。公園で何かしようと思っても注意事項がかなりたくさんいい渡される。公園ではなく官園ではないかと思うくらい、官の持ち物かのような決まりの多さだ。たくさんの「べからず」を聞くたびに、「公」や「パブリック」の意味を考えてみたくなる。

いうまでもなく、「パブリック」は「官」ではない。「公」である。「公」は、たくさんのプライベート（私）から成り立っている。「公」という字の下にある「ム」はプライベートを示す。その「ム（プライベート）」を「ハ（開く）」というのが「公」の意味だ。「私」が少しずつ開くことで「公」が生まれる。つまり、パブリックはプライベートが集まって、それらを少しずつ開くことで生じる状態だといえよう。

イギリスのパブリックスクールは、パブリックという言葉の意味を明確に示しているように思う。日本でパブリックスクールというと公立（官立）の学校のように聞こえるが、イギリスのパブリックスクールは私立学校である。日本でいう私塾のような学び舎を一般に開放したのがパブリックスクールの始まりであり、個人や企業などのプライベートセクションが集まって設立し、その他の人たちも通うことができるように開いたのがパブリックスクールだ。同様に、ニューヨークのパブリックライブラリーも大規模な私立図書館であり、イギリスで誕生したパブリックパークももともとは私有地だったパーク（狩猟場）を一般に開放することによって生まれた空間である。

「私（プライベート）」が集まってコミュニティをつくる。コミュニティが共有する物や場所や価値観などを示す場合に「コモン」という言葉が使われる。「コミュニティ」と「コモン」に共通している「コム」という接頭語は「ともに」という意味を持つ。日本語ではコモンのことを「共」と示すことが多い。「共」は、それを構成する人数が少なくなると「私」に近づき、多くなると「公」に近づいていく。このことを、島根県海士町の総合振興計画『島の幸福論』では「1人でできること」「10人でできること」「100人でできること」「1

000人でできること」と表現した。コモンは、集まる人数によってプライベートに近づいたりパブリックに近づいたりする。プライベートとパブリックは別々の概念なのではなく、コモンという規模を自由に変化させる概念によってつながっている、ということを示したかったのである。

公共的な事業に対する住民参加と行政参加

「公」も「共」も「私」が基本となる概念であり、「官」や「行政」という意味ではない。だから、本来的には「公共事業」というのは「行政事業」ではないはずなのである。公共的な事業については、行政が担ってもいいし、市民が担ってもいいし、企業が担ってもいい。

1980年ごろから盛んになった「住民参加」は、公共的な事業に対する住民の参加である。30年以上続けられてきた住民参加の実践により、公共的な事業に対する住民の参加方法はかなりの蓄積をみるようになった。ところが、ここに行政がうまく参加できていない。そもそも「参加する」という意識がない。いまだに「公共的な事業」は「行政の事業」だと思い込んでいる人も多い。だからこれまでどおり、業者に仕事を発注するかのごとく、住民のボランティアに仕事を「発注」する。

僕たちの仕事は、住民参加のコミュニティをつくったり、すでにできあがっているコミュニティの合意形成を促進したりすることだが、同時に行政職員が持つ「公共」に対する意識を刷新し、公共的な事業に対する住民参加と行政参加の方法を対等に考えるところからスタートすることが多い。「行政参加」という言葉は聞き慣れない言葉かもしれない。あるいは、「住民が行政の仕事に参加すること」だと受け取られるかもしれない。実際、行政職員のなかには「行政参加」をそう捉えている人も多い。コミュニティデザインを進めるうえで、行政職員の意識を少しずつ変えていくことも大切な要素である。

つながりから抜け出す時代

同様に、住民側の意識も変えねばならないこともある。これまでの「住民参加」より積極的な活動を展開することが可能なのだということを実感してもらうことが大切になる。

現在でも中山間離島地域の集落では「私」と「共」の概念が残っている場合が多いが、都市部ではほとんどこの考え方が消えてしまった。かつて、日本人の8割は農村部に住んでいた。この時代、「私」が集まり、協力しながら「共」を成立させていた。里山や火除《ひよ》け地などの入会地《いりあいち》や共有地があちこちにあり、共同体としての生活が成立していた。みんなで協力して生活し、つながりを維持した。

その時代は、共同体に属する人たちは、お互いに誰がどんな人で、何ができる人なのかをよく知っていた。日々の協同作業のなかで自ずと共同体の構成員の特徴を理解した。だから協力できたし、いざというときに助け合うことができた。みんなでお金を積み立てたり、仕事を紹介し合ったり、協力して草刈りしたりした。元気がなさそうな人がいたら声をかけたり、相談に乗ったりした。いわば、つながりのなかで生きてきた。

しかし、それがしがらみに変わる場合も少なくなかった。結びつきやつながりが積み重なりすぎると、親や祖父の代のいざこざが自分に関係してくることもある。「三代前からあの家とは喧嘩《けんか》しているんだ」という話になる。つながりが強すぎて、自分がどんな人か、どこで働いているか、誰と付き合っているのかなども、すべて共同体内で情報が共有されてしまう。

そのつながりが窮屈すぎて共同体を出る人もいた。高度経済成長期には都市部に仕事がたくさん生まれたため、多くの人が共同体を抜け出して都市で生活し始めた。最初はとても清々しかったことだろう。扉を閉めれば隣に誰が住んでいるのかもわからない。自分が誰なのかも知られない。どんな服を着て出かけても噂にならない。快適な生活だと感じたはずだ。

しかし一方で漠然とした不安もあっただろう。誰ともつながりがなく、何かあっても誰にも相談できない。かつての共同体ほど強いつながりでなくてもいいが、自分のことを知ってくれている人がいて欲しい、相談できる人が欲しい、同じ価値観を持った人たちと一緒にいたいと思ったはずだ。僕はまだ生まれていなかったから詳しいことはわからないが、1968年ごろから激しくなった学生運動に参加していたのは中山間離島地域から都市へ出てきた若者が多かったらしい。

つながりを求める時代

もともと総人口の8割を占めた農村人口が1960年代に3割を下回った。7割以上が都市で生活することになったというわけだ。欧米では1920年代に3割を下回ったようだが、いずれも総人口に占める農村人口の割合が3割を下回るころから「コミュニティ」という言葉が脚光を浴びるようになる。それまでの「しがらみ」とか「支配体制」とか「共産主義」という意味合いではなく、「人とのつながり」「楽しい仲間」というポジティブな意味として用いられるようになる。

その影響はいまでも残っている。現在、50歳代、60歳代の人たちに僕の仕事を説明すると、「コミュニティ」という言葉に眉をひそめる人が多い。40歳代は半分半分の反応だ。そして30歳代以下になると新鮮な言葉として好意的に受け容れることが多い。すでに都市居住人口率が8割以上になった日本の社会で育った若い世代は、つながりが大切であることは自明なことであり、コミュニティという言葉に特定のイメージやイデオロギーを貼り付けて理解したりしない。1970年代に生まれた世代は、コミュニティという言葉が新鮮な響きを持って理解されるようになった社会を生きた最初の世代なのかもしれない。

余談だが、「コミュニティ」という言葉の響きに対する世代間の反応の違いと似ているのが「シェア」という言葉に対する反応である。「シェア」が「貸し借り」「貧乏くさい」「わずらわしい」というイメージで捉えられるか、「楽しい」「つながりをつくってくれる」「スマートな生活」というイメージで捉えられるかについても、世代間の違いが存在するように感じる。

もちろん、ここで安易な世代論を展開したいわけではない。どちらが良くてどちらが悪いというつもりはない。ただ、「コミュニティ」や「シェア」という言葉に対する反応の違いを現場でどう理解しておくかは、コミュニティデザインの実践にとって結構大切なことなのである。世代や性別によって反応が違う言葉をうまく使い分けながらプロジェクトを組み立てることが重要になる場合が多い。

話をもとに戻そう。都市部で生活することになって、しがらみから抜け出すことに成功した若者たちは都市的生活を謳歌することになる。が、一方でつながりのなさに不安を感じ、気の合う仲間たちと集まるようになる。日本語で言うところの「サークル活動」などが盛んになる。同時に、つながりが希薄化することで社会的な問題が顕在化し始めるようになる。

児童虐待、鬱、自殺、孤立死など、つながりがないことによって起きるであろう事件や事故が社会問題となる。これらすべてが「つながりがない」ことに起因する問題かどうかは定かではない。ただし、農村集落での暮らしとまったく違う暮らしの実感から、つながりがないことによって起きそうな社会問題が次々と顕在化し、人々のなかに「つながりがなくなりすぎたためにさまざまな問題が生まれている」という気持ちが生じたことは確かだろう。そのころから「コミュニティ」という言葉が新しい響きを持ち始めた。町内会などの「共同体」をイメージさせないように、「コミュニティ」を英語のまま使ったのだろう。コミュニティはいいものだというイメージがつくられた。

都市部では「私」が閉じることになり、それ以外は「公」なのだが、「私」がつながっていないので「共」が生まれず、「公共」が生まれにくい。自ずと「公」は「官」と近づいていく。長い間、「官」がほとんどの「公」を担ってきた（もちろん、回覧板や町内会の掃除なども残っているが、そこに参加しない「私」が増えている）。しかし、もはや「官」が「公」を担い続けることは難しい。税財源も縮小しているし、人々はつながりを求めている。もう一度「私」をつなげて「共」をつくり、それを外部に開くことによって「公」をつくり出すことが必要だろう。「新しい公共」という言葉が使われるが、これは結局「古くて新しい公共」ということなのだ。

公共をどこまで広げて考えるか

「公共」の概念をどこまで広げるのか。サークルやコミュニティなど、気の合う仲間だけでなく、その他の人たちにも範囲を広げた公共の概念。まち全体まで広げるのか、地域全体まで広げるのか、上下流を含めた流域まで広げるのか、日本全体まで広げるのか。地球全体のことを「グローバルコモンズ」と呼ぶことがある。地球全体を共有地とみなす表現だ。エリアだけの問題ではない。対象は人間だけなのか。あるいは水や空気や動物や植物も含めるのか。そうした自然に活かされている人間という意味では、それらも「公共」に入れなければ「私」は成り立たないだろう。生態系として考えれば、こうしたつながりのなかに人間の「私」が成り立っているということになる。

こうした観点からすれば、原発問題ほどもやもやすることはない。プライベート企業、民間企業である電力会社が、自分たちの事業を推進するために効率の良いとされている発電手法で電気を大量につくる。パブリックだと思われている政府も国全体の経済成長等を考えてそれを推し進める。ところが、ひとたび大きな事故が起きれば、プライベートでは済まされないほど大きなダメージを与える。人間だけでなく、植物も農作物も動物も水も空気も汚れる。公共を人間だけでなく生態系全体として捉えようとすれば、プライベートがパブリックを破壊することになっているので釈然としない。さらにそれを政府が推進していたというわけだ。ところが、その政府を選んだり、電気を使ったりしてきたのは僕たちでもある。このあたりの入り組んだ構図が僕たちをもやもやとさせる。

しかし、もうもやもやしている場合ではないだろう。こうした入り組んだ構図がどんな事態を引き起こすのかを知ったのだから、これを契機にプライベートとコモンとパブリックについて真剣に考え、原発を再稼働すべきなのかどうかを考え、しかるべき生活へとシフトさせていかねばならない。

第2章

つながりのデザイン

1. 宣言について

つくらないデザイナー

コミュニティデザイナーとは何者かを説明するのは難しい。デザイナーというと何かものをつくっている人だと思われるようだ。「ものをつくらないデザイナー」だというと、ほかのデザイナーや建築家から「ものづくりの可能性を信じていないのか」と責められることもある。もともとものづくりを目指していた人間として、それを信じていないわけではない。ものづくりだけで社会の課題が解決できるとは思えなくなったというだけだ。当然のことだが、ハードとソフトの両輪が必要だと感じている。ところが、このソフト部分をデザインする人が思いのほか少ない。だったら自分がその分野を担ってみたいと思った。

が、関わる人が少ないにはそれなりの理由があった。端的にいえば、ソフトにはお金がつきにくい。コミュニティデザインでどうやって食べていくのか、というのが独立当初の課題だった。設計の手伝いをしながらソフトについても提案すると、サービスとしてやってくれということになる。これじゃダメだ。食べていけない。いまでも「ソフトの仕事で食べていけますか？」と質問されることが多い。みなさん、同じ悩みを抱えているとみえる。

仕事が生まれる

そこで僕がやったのは、デザイナーだけど「ものの形をデザインしない」という宣言だ。独立した当初、ほかに仕事がないので設計の仕事を手伝っていた。手伝いながら、隙あらばワークショップを提案し、住民の人たちと一緒に設計を進めようとした。ところが、もらえる設計料は決まっている。ワークショップを開催してもしなくても設計料は一緒。住民の意見を設計に反映させてもさせなくても同じ。それでも、ワークショップに参加してくれた人たちから聞く意見が参考になったし、そこにコミュニティができあがることが楽しくて、設計のおまけとしてワークショップを続けた。

しかし、それではソフトの部分で仕事をしていることにはならない。そこで、いつのころからか「設計はしません」と宣言するようになった。設計しないということは、設計の仕事を頼むのではなく、ワークショップの仕事を頼まなければならないということである。「その必要があるときに呼んで欲しい」というと、それまで何度か設計とセットでワークショップの仕事を頼んでくれていた人たちから、ソフトの仕事を相談されるようになった。「つくらないデザイナー」に仕事が発注されるようになったわけだ。

設計から少し離れてみて気づいたことがある。コミュニティデザインの仕事を通じて多くの人たちと知り合うと、かなりの頻度で個人的な設計を相談されることになる。いわく「知り合いがイタリアンレストランをオープンさせるんだけど、その内装を設計してくれないか」とか、「保育園を人々が集まる場所へとリノベーションしたいのだが、その設計を担当してくれないか」とか。住民と一緒に総合計画をつくったりイベントを開催したりしている間に、そこにまつわるハードの設計を頼まれるようになったのである。設計を辞めたつもりが、設計の仕事が生まれてしまうのである。

コミュニティデザインと空間のデザイン

しばらくはこうしたハードの設計が発生したら引き受けていたものの、徐々にソフトの仕事が多くなってきたので知り合いのデザイナーに協力してもらうようになった。こうして、ほかのデザイナーと協働するようになってさらに気づいたことがあった。空間のデザインとコミュニティのデザインを同時に進めることができれば、できあがった空間で活躍するコミュニティが誕生することになる。コミュニティの存在を前提として考えれば、建築のデザインがかなり変わるのではないか。壁を立てて人々の行動を仕切ったり誘導したりするのではなく、設計と同時に組織化したコミュニティが利用者の活動を誘導すればいい。たとえばコーディネーターが常駐するのであれば、大きなワンルームを用意して、利用する人たちの人数や活動内容に応じて隅のほうで活動してもらったり中央で活動してもらったりすることができる。

壁を立てるということは、そこに調整役が存在しなくても施設が機能するように設《しつら》えるということだ。しかし、そこに調整役が存在するのであれば、壁を立てる必要がなくなることも考えられる。つまり、ハードとソフトが融合すれば、空間のつくり方も変わるだろうし、それに応じてコーディネーターの育成方法も変わるはずだ。

その意味で、コミュニティデザイナーは空間のできあがりにとても興味がある。人が介在しなくても成り立つように空間を規定するタイプのデザインは、逆にコミュニティの創意工夫を引き下げる。「いたれりつくせり」の空間では、利用者がお客さんになってしまう。だが、逆に使い手側が空間を読み取って使いこなす能力（空間のリテラシーと呼ばれることもある）に期待しすぎると、誰にとっても使いにくい空間ができあがってしまう。昨今の建築家は「いたれりつくせり」を嫌うあまり、まっしろで抽象的な空間をつくりがちだ。それは時に「誰にとっても使いにくい空間」となってしまう。

そこにしっかりとしたコーディネーターがいれば、使い方について相談に乗るだろうし、アイデアを出すことになるだろう。あるいはその設計プロセスに住民が関わっていれば、どの空間をどう使いこなすことができるかを理解した利用者になるだろう。完成後、こうしたコミュニティが空間を使うことになれば、彼らはまさしく空間を自分たちなりに使いこなすことになるはずだ。こうした活動が、その他のユーザーに空間の使いこなし方を提示することになり、ますます創造的な空間の使い方が生まれることになる。このとき、空間のデザインは「いたれりつくせり」から解放されることになる。ハードとソフトがうまく組み合わされば、建築の空間はもっと自由になるだろう。

建築的思考

さらに思い切っていえば、ソフトのデザインも含めて建築家の職能だとしたほうがいいのではないかと考えている。建築家のバランス感覚をもっと信じてもいいはずだ。構造のことも考え、設備のことも考え、法規のことも考え、予算のことも考え、施主の意見も尊重する。そのうえで、美しい意匠へとデザインを統合化させる建築家のバランスは大したものだ。

建築という言葉はアーキテクチュア（architecture）と表記されるが、この言葉はアーク（arch）とテクネー（techne）とに分かれる。テクネーとは、テクニックの語源でもあり、技術という意味を持つ。アークは統合するという意味だ。構造や設備や法規など、さまざまな技術を美しく統合化すること。これがアーキテクチュアであり、建築の役割である。

そう考えれば、新しい時代のアーキテクチュアは、テクネーに何を代入するかによって変わってくる。これまでどおり、構造や設備を代入するのか、それとも、八百屋の意見、漁師の意見、行政の意見など、さまざまな意見を美しく統合化させてビジョンを示す職能になるのか。コミュニティデザイナーの仕事もまた、建築的な手法が十分に役立つ分野である。

宮大工の棟梁《とうりょう》は、1000年間風雪に耐え得る木造建築物を建てるために、木材の癖を読んで組み合わせるという。ところが棟梁ひとりの力で木が組めるわけではないので、どうしても分業することになる。そのとき、木の癖をうまく読んで組み合わせてくれるようなチームをつくらねばならない。職人同士が協力して作業を進めるような「人の癖組み」が必要になる。木の癖組みがうまくいくかどうかは、人の癖組みによるわけだ。これはまさにコミュニティデザイナーの仕事である。

ものをつくってもいいし、つくらなくてもいい。施主から相談された課題を解決するために、必要であれば空間を設計するし、そうでなければコミュニティを設計する。あるいはその両者を組み合わせることによって、与えられた課題をうまく解決することができる。「ものをつくらない」という方法を手に入れることによって、建築家の解決策は一気に幅が広がるのではないだろうか。

2. まちの豊かさとは何か

「住民参加」の胡散臭さ

建築家になって名作と呼ばれる建築物を設計したいと思っていた時期の僕にとって、「住民参加による設計」というのは怪しげな響きを持っていた。諸条件を美しく統合化するのが建築家の役割であり、それはひとりの人間の頭のなかでなければうまくバランスしないものだと考えていたからだ。住民が自分たちの趣味趣向を述べて、それを参考にしてデザインを決めるなどということをしていたら、後世に残るような名作はつくれないだろう。ドイツのデザイン学校「バウハウス」の教えどおり、すべての芸術は建築が統合化し、それはひとりの建築家の頭のなかで組み立てられるものだと信じていた。だから、住民が参加するワークショップで建築や公園のデザインが決められるということは信じられなかったし、そもそもいい大人が付箋と模造紙を使って「このあたりは同じ意見ですね」なんてまとめるのは予定調和的で見ていられないと感じていた。

おそらく大企業の会議にブレーンストーミング（ある問題に対して自由にアイデアを出し合う会議形式）やKJ法（データをまとめるための手法のひとつ）やワールドカフェ（カフェにいるかのようにオープンに会話し、自由にネットワークを築く話し合いの手法）なるものが導入されたのも、住民参加型のデザインが台頭し始めたころと同じだっただろう。これまでのように、関係者への事前説明と根回しをしっかりし、会議の場では滞りなく議題が進むというものごとの進め方に慣れていた社員の目には、ワークショップ型の会議など学芸会のように映ったのではないか。妙な笑顔が気持ち悪い。意見がまとまりすぎるのが胡散臭《うさんくさ》い。相手の意見を否定しない雰囲気がわざとらしい。こんなことで何かが決まるようには思えないし、ましてやプロジェクトが進むようには思えない。大半がそんな印象を持ったのではないだろうか。

事実、僕も何人かの友人から大企業内での会議の方法が変わったときの印象を聞いていた。その不信感は、設計業界におけるワークショップに対するものとほとんど同じだった。

コミュニティデザインに目覚める

不幸なことに、僕が就職した設計事務所はむしろ率先してワークショップを開催するような事務所だった。できることならひとりの頭のなかでカタチを決めて「どうだ！」と示したいと思っていた僕にとって、ワークショップで意見を聞きながら設計の内容を決めるというのは回りくどいし、好きになれなかった。ゆえに、数ある業務のなかでもワークショップ関連のものはいつも後回しにしていた。

ところが何度かワークショップを経験するうちに、話し合いの場がうまくデザインできれば空間のデザインに反映できる有意義なネタが得られるということがわかってきた。本に載っているようなワークショップの方法をマネしているうちはほとんどオリジナルな意見やアイデアが出てこないのだが、プロジェクトごとに欲しい情報に合わせてワークショップをデザインすれば、驚くほど貴重な意見や情報を得ることができる。それは、ひとりで情報収集しても得られないような地元の生活に関するネタだったり、課題だったり、モチーフだったりした。

そのころから、ワークショップのオリジナリティはアウトプットのオリジナリティに関係することがわかってきた。ローレンス・ハルプリン（1916〜2009、米国のランドスケープ・アーキテクト、環境デザイナー）の仕事などを見ればわかることだが、優れた造形力を持ったデザイナーであれば、住民の意見を聞けば聞くほど優れた空間を提示してきたのである。

さらには、設計段階でワークショップに参加していた人たちが友達になって、飲み会をやったりイベントをやったりするようになるのを目にするようになった。これまで知り合いではなかった人が、設計のワークショップをきっかけにして知り合いになり、一緒に活動し始めることがわかったのである。これが設計と同じか、それ以上に楽しいことだった。特に、公園の設計だとワークショップに参加した人たちが、完成した後の公園で活動することが多くなり、その活動自体が人を呼ぶことになったりもした。僕が設計した公園の空間が人を呼んでいるのか、活動する団体が人を呼んでいるのか、わからない状態になっていた。そのとき、コミュニティの力を目の当たりにしたのである。

コミュニティに関する違和感

ワークショップが嫌いだったのと同様に、コミュニティというのも何となく好きになれなかった。仲良しグループが集まって自分たちだけにしかわからない価値を共有しているような気がしたからだ。何となく群れている人たち。そんな印象があった。

ところが、何度かワークショップを経験し、できあがったいくつかのコミュニティを見ているうちに、僕のなかにあるコミュニティへの違和感はどんどん薄れていった。自分たちが楽しむために集まっていて、さらに活動することによって自分たち以外の人たちも楽しませようとしている。そのことが公園やまちを楽しい場所にすることになれば、そこを利用する人たちから感謝されることになる。感謝されると本人たちは嬉しくなってますます活動が活発になる。その間に仲間が増え、自分たちにできることが増え、役割が増え、さらに感謝されることが増えていく。これは「豊かな人生」につながるのではないか、と考えるようになった。

「豊かさの定義」が変われば「デザインの方法」も変わる

「豊かさとは何か」ということが20年以上前に問われてから、すでに「金と物」をたくさん持つことだけが豊かな人生ではないということは何となく共有されている。ところが、実際には金と物以外に何を手に入れると豊かな人生を歩むことになるのかはあまり明確ではない。それは人それぞれだということになってしまう。そのなかで「ソーシャルキャピタル（共同体や社会において人々が持ちうる協調や信頼関係）」という言葉が注目され、人とのつながりが充実していることも人生を豊かにする要素だと認識されるようになってきた。コミュニティで活動する人たちは、総じて多くのつながりを手に入れている。生き方として可能性があると感じた。

デザインを学ぶ学生は、「デザインは豊かな生活を実現する」と教えられる。僕も学生時代にそう教えられた。優れたデザインは豊かな生活を市民に提供する。そのとおりだと思う。

ところが、その「豊かさ」が時代とともに変化したのである。「金と物」をたくさん持つことが豊かだとされていた時代なら、デザイナーの仕事は「美しい物をデザインすること」でよかったのだろう。しかし、「生活の豊かさや幸福は、どれだけたくさんの金や物を持っているかではなさそうだ」という時代になると、人とのつながりや仕事のやりがいや自由な時間に何をするかが重要視される。こうなると、デザイナーは豊かな生活を実現するために物をつくるだけでなく、つながりやアクティビティをデザインする必要がある。

そんな時代に「ものをつくらないデザイナー」が登場するのは必然なのかもしれない。最近、ナガオカケンメイ氏（1965〜、デザイナー）をはじめ、太刀川英輔《たちかわえいすけ》氏（1981〜、デザイナー）、柳原照弘《やなぎはらてるひろ》氏（1976〜、空間デザイナー）など「つくらないデザイナー」を名乗る人が増えてきたように感じるが、これは単なる偶然ではないのだろう。

精算しない生き方

コミュニティにおける人間関係にはほとんどの場合お金が発生しない。誰かに何かをしてもらうと「ありがとう」という感謝の気持ちを伝える。と同時に、「あの人には世話になったから、今度は何かでお返しししなくちゃ」という気持ちが残る。この気持ちが、世話をした人と世話になった人をつなげ続けることになるのだろう。

世話になった人が後日、結構な「お返し」をすると、今度は逆に世話をした人が感謝することになる。「自分が世話した以上のお返しをもらった。今度はこちらが何かできることでお返ししなくちゃ」と感じる。いわば、いつまでも「お釣り」が残る関係だ。その結果、つながりが持続されることになる。

これをお金で処理し始めるとつながりはそのつど切れていくことになる。「世話してもらったので3000円支払います」ということになると、それで関係をいったん切ることになる。場合によっては、「金で解決する」ということが、「あなたとは今後つながっておきたくはないのです」というメッセージになることすらある。

その意味では、現金を介さない関係を多様に持っておくことがつながりを豊かに持った人生をつくることになるわけで、コミュニティはまさにこの種のつながりをいろんな方向に持った人たちの集まりだといえよう。

「ぼろ儲け」人生

うちの事務所は、もともとコミュニティ活動から生まれた会社である。生活スタジオという趣味の活動団体がカタチを変えてstudio-Lという事務所になった。だからもともとコミュニティ的な側面がある。豊かな人生ということについても常々考えてきた。その意味でいえば、コミュニティデザインに関する仕事をしながら「ぼろ儲け」していると感じている。この場合の「儲け」という言葉も、「豊かさ」と同じく多様な指標で考えてもらいたい。

日本中の50以上の地域で仕事をさせてもらっているので、季節ごとにそれぞれの地域から特産品が送られてくる。新米の季節には食べきれないほどのお米が送られてくる。ありがたく頂戴して、スタッフで分けて持ち帰る。

「仕事がなくなったらいつでも引っ越してこい。食べていけるようにしてやる」と声をかけられることも多い。ありがたい話だ。僕たちの生活における「心のセーフティネット」になっている。

「あんたたちが来てくれて本当に助かったわ。ありがとう」と感謝の声をいただくことも多い。僕たちの脳の信号は、こうした感謝の声も大きな報酬としてカウントしているだろう。各地でワークショップした後に連れて行ってもらう場所で見聞きしたこと、食べさせてもらったものなどは、こうして原稿を書くときに貴重な材料になっている。地域を回るたびにカメラで撮影したりスマートフォンでメモしたりした素材は大量に手元に残っている。本を書いたり、ほかの土地でお話ししたりする際の貴重な情報源である。

こうした多様な儲けに加えて、業務の発注費がもらえるわけだから、金額的にはそれほど大きくなくても僕らの気持ちとしてはいつも「ぼろ儲け」させてもらっているようなものだ。

豊かさ、幸せ、経済

たまに「コミュニティで活動することはいいことかもしれないけど、まちづくりは最終的に儲からないとやっている意味がないのではないか」という意見を聞くことがある。この場合の「まちづくり」は、経済的な成果を目的にした活動として捉えられているのだろう。「まちおこし」という言葉についても同様の響きを持つことが多いようだ。「まちの活性化」という言葉も、活性化というのはつまり経済の活性化だという話になることが多い（だから僕はあまり活性化という言葉を使わないようにしている）。金と物だけが豊かさの指標ではないといわれているにもかかわらず、「豊かなまち」ということになると経済的に豊かかどうかが問題になってしまうのは寂しい。まちが豊かになること、まちが活性化することは、そこに住んだり働いたり訪れたりする人たちが活き活きしている状態であり、豊かな人間関係を持っていることであり、金や物もそこそこに持っている状態でもある。個人における「豊かさとは何か」はかなり考えられてきたものの、まちの豊かさということになると急に20世紀型の豊かさや活性化の概念に戻ってしまうのは少し残念なところである。

そもそも経済（経世済民）という言葉も金だけを意味する言葉ではなかったはずだ。世の中をうまく治めて人々の幸せな生活を実現させること、つまり地域の課題を乗り越えて人々が豊かな人生を送ることが目的だった。それがいつの間にか「経済的な成功」ということになると「お金がたくさん手に入った」ということとほぼ同義になるほど、経済と金はひっついてしまった。僕らはもう一度、「経済」や「豊かさ」がどんな要素から成り立っているのか、じっくり考えてみたほうがいい時期にさしかかっている。人とのつながりや、人からの感謝や、自分の役割が増えることや、自分にできることが増えることの価値。こうしたものと金や物を持っていることとが組み合わさって、僕たちの豊かさは成立しているはずだ。

そして、まちの豊かさも同じような要素で成立しているはずなのである。

3. コミュニティとデザインについて

住民参加型デザインはあり得るか

公共施設のデザインにどこまで住民の意見を取り入れるか。これはなかなか難しい問題だ。ひとつの考え方として、住民には意見を聞かず、専門家だけでデザインを検討するという方法がある。空間のデザインを学び、何年も実務に携わってきた専門家は、当然その道のプロである。世界中で試行錯誤されるデザインの事例を知っているし、歴史的なデザインの潮流も踏まえている。四六時中、デザインのことを考えているのだから、任せれば歴史に残る名建築や美しい公園を設計してくれる可能性も高い。

もうひとつの考え方として、いくら専門家とはいえ公共施設を設計するのだから、住民の意見を聞きながらデザインを検討すべきだろうという意見もある。完成したら地域住民が使うものである。地域住民の意見を聞かずに設計するというのはおかしい、というわけだ。これも一理ある。住宅なら施主の意見を聞きながら設計を進める。そこから名建築だって生まれている。住民の意見を聞いたからといってデザインの質が下がるということはあるまい。そう考えるのも当然だろう。

最初の意見を擁護する際によく引き合いに出されるのがエッフェル塔である。エッフェル塔は1889年に完成したが、その建設途中から斬新なデザインに対する批判が相次いだ。鉄骨むき出しの奇抜なデザインが当時の石造りの町並みにそぐわない、醜悪なデザインであるという意見が多かったのである。住民の意見を聞きながら設計していたら、きっと今のようなデザインにはならなかっただろう。しかし、設計者のエッフェル氏は最後まで自分のデザインを主張し続けた。その結果、エッフェル塔はパリの名所となり、世界一の観光地となった。ほら、だからデザイナーは信念を持って自分が信じた設計を進めるべきなんだよ、という話になる。

この話に対して、もうひとつの意見からは「エッフェル塔はたまたま後から評価が高まっただけじゃないの?」という反論がある。住民の意見を聞かなかったから素晴らしいデザインが実現したというが、その他多くの「専門家デザイン」はすぐに淘汰《とうた》されて消え去っているのではないか、という意見だ。まさか町中にエッフェル塔が建つわけじゃあるまいし、記念碑的な塔ではない公共建築は住民の意見を聞きながら設計すべきでしょう、という話になる。

デザイナー同士で話をしていると、こんな話を夜通し続けることになる。デザイナーは、まさに四六時中デザインのことを考えている生き物なのである。

どう話し合うか

コミュニティデザインに携わる立場からは、後者の意見をさらに掘り下げてみたくなる。公共施設のデザインは地域住民の意見を聞きながら進めるべきである、という意見だ。

まず気になるのが「地域住民」とは誰なのか、ということだ。公共施設の敷地周辺に住む人なのか。それとも働きに来ている人も含むのか。学びに来ている人も含むのか。そして、「敷地周辺」とはどのあたりまでを含むのか。小学校区か、市町村か、近隣市町村を含むのか、都道府県下全域か。

次に、「敷地周辺」の「地域住民」の意見をどうやって聞き取るのか。広報や説明会は一方的に情報を発信するだけなので意見を聞き取ることにはならない。だとすればアンケートか。あるいはワークショップか。ワークショップは丁寧な進め方だろう。では、ワークショップの対象者はどう絞るのか。すべての住民が参加したらワークショップは成立しないし、参加者が少なければ得られる情報は偏ったものになりかねない。

さらに、諸々の都合でワークショップ会場まで来られなかった人たちの意見はどうなるのか。同様に、まだ生まれていない将来世代の意見は聞き入れなくてもいいのか。公共建築は長くその場所に存在することになる。たまたまそのときに生きた人たちの意見だけを聞きながら設計を進めるということでいいのか。

また、ワークショップ会場に集まった「地域住民」からどんな意見を聞き出すべきなのか。和風の建物が好きな人もいるだろうし、洋風の建物にすべきだという人もいるだろう。赤がいい、いや青がいい、という話になるだろう。そうなった場合、すべての意見を聞き入れるとどんなデザインになるのか。和風のようにも洋風のようにも見え、赤にも青にも見える公共施設が誕生することになるのだろうか。

次々と疑問が生まれる。「やっぱり住民の意見を聞きながらデザインするなんて無理かな」という気持ちになる。それでもやはり、その地域で生活する方々と話し合いながら設計を進めたい。せっかくの機会なのである。より多くの人に関係する案件なのである。この機会に集まって、知り合って、話し合って、知らないうちに仲間になって、何か一緒にやりたくなって、完成した公共施設で活動するための準備をし始める。そんなコミュニティが生まれるチャンスなのである。

だから僕たちは公共施設のデザインを検討する際は、できる限り「ワークショップを開催しましょう」と提案する。そして、毎回上記のような質問を自分たち自身に投げかける。「敷地周辺」とはどこまでの範囲を言うのか。「周辺住民」とは誰のことを指すのか。「ワークショップに参加します」と手を挙げて主体的に関わる人と、興味を示さなかった人との意見をどう整理するか。アンケートによって何が補完できるのか。ワークショップに参加したくても参加できない人の意見を把握するために、高齢者施設や障がい者施設を回ってワークショップを開催してはどうか。就学や転勤などでたまたま出郷している人が里帰りするのはどんなタイミングか。将来世代に影響する公共施設のデザインを検討しているという責任感を、現役世代はどう受け止めて話し合うべきなのか。

さらに、話し合いの内容をその場にいない人たちにどう伝えるのかについても検討する。複数の媒体を使って届ける必要があるだろう。広報誌はもちろんのこと、手づくりのニュースレター、ウェブページ、ケーブルテレビ、地元新聞社など、さまざまなルートから話し合いの進捗を伝えるよう努力する。

何を話し合うか

話し合う内容も大切である。デザイン自体について話し合う場合もある。逆に、デザイン自体については意見をもらわないようにする場合もある。それはプロジェクトによって違う。「和風がいい」「洋風がいい」という意見も、じっくり話し合い、事例を調べ、まちの特徴について話し合い、その施設の位置づけを明確にしていくなかで、徐々に意見が集約できることが多い。設計者とのやりとりを何度も重ね、ワークショップの参加者が満場一致で納得するデザインを探し出す。もちろん、その間にワークショップ会場に来られなかった人たちにも検討過程を伝え、意見を聞いて回る。こうして最終的なデザインを確定させるまでにワークショップ参加者が一致団結して検討を続ける。デザインが決まったときの盛り上がりは、かなりなものだ。

一方、色や形を決めることが目的になりすぎると、できあがった空間でどんな活動をするのか、という点について話が進まなくなる場合がある。デザインを決めたことで盛り上がりが最高潮に達し、その後はワークショップに出てこなくなってしまう人もいる。そこで、プロジェクトによっては活動について話し合ってもらい、「施設の色や形については専門家に任せましょう」と提案することもある。

いま関わっている宮崎県延岡市のプロジェクトはこの方法で進めている。JR延岡駅舎と駅前広場がリニューアルされることになった。この機会に市内で活動する多様なコミュニティに駅周辺の中心市街地まで来てもらい、駅舎、駅前広場、商店街の空き店舗などでプログラムを実施してもらおう、というプロジェクトだ。コミュニティの活動が中心市街地を元気にする。何をおいてもコミュニティの活動が大切なのである。

ワークショップに集まった人のほとんどが、普段から何らかの活動をしていたり、その準備をしていたりする。こうした人たちから聞き出したいのは、駅舎や駅前広場、商店街のアーケード下や空き店舗が使えるとしたらどんな活動がしてみたいか、ということである。何時頃に、どこで、どんな活動がしたいのか。週末にやるのか、平日にやるのか。どれくらいの頻度で行いたいのか。こうしたことを具体的に話し合ってもらい、それを可能にする空間については専門家に検討してもらう。こうしたやりとりのなかで、四六時中デザインのことを考えているデザイナーがワークショップで出た意見を漏らさず反映させたデザインを提示する。これについて、「和風がいい」「洋風がいい」という話はしないようにしよう。こう提案した。

ワークショップの参加者は理解が早かった。自分たちが望む活動ができるかどうかが問題なのだから、個別に色や形の話をし始めたら収拾がつかなくなる。活動を具体化させるための話し合いに時間が割けなくなる。デザインはプロに任せて、自分たちは活動ができそうな空間がちゃんと提案されているかをチェックしよう。そんな意見にまとまった。

デザイナーの専門分野、コミュニティの専門分野

駅舎と駅前広場の設計を担当しているのは建築家の乾久美子《いぬいくみこ》さん（1969〜）。乾さんにはふたつのことをお願いした。ひとつは、ワークショップに集まっているコミュニティから提案された活動がひとつ残らず実現できる空間を提案して欲しいということ。もうひとつは、ワークショップに来られなかった人たちの使い方を想定しながら設計を進めて欲しいということ。この2点を重ね合わせながら設計してもらうことをお願いした。

つまり、たまたま集まったとはいえ、ワークショップに何度も足を運び、自ら活動すると表明している人たちの意見は大切である。特に今回はコミュニティの活動によって中心市街地を元気にするというプロジェクトなので、デザインにもその意図がしっかり反映されるべきだ。一方、ワークショップに参加できなかった人、あるいは将来世代に対しても価値のある空間となるよう、「ワークショップ参加者のためだけのデザイン」にならないように注意しなければならない。

乾さんはよく検討してくれた。当然、ワークショップ参加者の意見だけを聞いて設計を進めるわけではない。JRはもちろん、バスやタクシーなどの交通事業者、市役所、近隣商店

駅舎と広場の模型を前に、設計者の乾さんの話を聴く

街や自治会などの意見も聞かねばならない。こうした複雑なパズルを解きつつ、ワークショップ参加者とそれ以外の人たちの気持ちを織り込みながらデザインを検討せねばならない。ワークショップで披露された模型を覗き込むワークショップ参加者たちは、満場一致で乾さんのデザインを受け入れた。

デザイナーはデザインの専門家であり、コミュニティは地域活動の専門家である。お互いの専門分野をうまく組み合わせて、「専門家だけがデザインを決める」ことと「住民が話し合ってデザインを決める」ことを同時に乗り越えたいものだ。

かつて設計に携わっていたからよくわかる。乾さんは大変なパズルを解いてくれた。もちろん、まだ終わったわけではない。今後も細かい検討が必要だし、施工も続く。こちらも、コミュニティの活動をさらに具体化させ、徐々に実験を繰り返しながら中心市街地を元気にする仕組みをつくらねばならない。こちらはこちらで、まだ大きなパズルを残したままなのである。

4. 肩書きについて

ランドスケープデザイナーからコミュニティデザイナーへ

自分の仕事を「コミュニティデザイン」と呼ぶきっかけになったプロジェクトがある。鹿児島のマルヤガーデンズプロジェクトだ。

それまでも実質的にはコミュニティデザインに関わる仕事をしてきたのだが、なんとなく「ランドスケープデザイン」という言葉を使ってきた。学生時代に学んだのがランドスケープデザインだったし、設計事務所に就職してからやってきたことも同じだったからだ。（ランドスケープデザイン＝公園や庭園を設計すること）

ところが、マルヤガーデンズにはすでにランドスケープデザイナーが入っていた。しかも苗字は山崎さん。同じ苗字の女性である。そのランドスケープデザイナー、山崎誠子《やまざきまさこ》（1961〜）さんはマルヤガーデンズの屋上緑化や壁面緑化のデザインを担当していた。そこにまた坊主にひげ面の山崎（僕）が登場することになる。しかもランドスケープデザイナーと

マルヤガーデンズ外観。屋上緑化や壁面緑化は別の山崎さんが担当した

名乗っている。

これはややこしい。実際、僕の仕事はランドスケープデザインというよりもコミュニティデザインだった。これを機に、コミュニティデザイナーだと名乗ってしまうほうがいいだろう、ということで、マルヤガーデンズプロジェクトから僕は自分の仕事をコミュニティデザインと呼ぶようにした。

ところが、新しい肩書きで名乗るようになると、すぐに「それはどういう仕事ですか？」と問われるようになる。「人のつながりをデザインする仕事です」と答えるのだが、ほとんどの人は納得しない。そりゃそうだろう。僕だって納得しないはずだ。そこで「地域に住む人たちが、その地域の課題を自らの力で乗り越えることをお手伝いする仕事です」と少し説明を加え

外部の視点で島の魅力を探る「探られる島プロジェクト」

る。が、これは僕たちの仕事を正確に表しているわけではない。なぜなら、僕たちが一緒に仕事するコミュニティは、地域に住んでいる人たちだけではないからだ。地域に住まない人が外部からやってきて地域の魅力を発見したり、それを地域の人たちと共有して地域の人たち自身が魅力を再発見するきっかけをつくり出したりする。

兵庫県姫路市いえしま地域（旧家島町）で行った「探られる島プロジェクト」はまさに「外部のコミュニティ」が島のコミュニティを刺激した。島の外からやってきた人たちが発見した魅力は、島に住む人たちにとってまったく魅力を感じないものばかりだった。そのギャップを徐々に島の人たちが自覚するようになったとき、自分たちの島が外部からどう見られているのかを正確に理解するようになってきたのである。

こうしたプロジェクトがあるかと思えば、前述のマルヤガーデンズというデパートのプロジェクトや、宮崎県延岡市の中心市街地に関するプロジェクトのように、市民活動団体がたくさん集まってデパートや商店街や駅前広場を楽しい場所に変えていこうとするものもある。市民活動団体は、必ずしもその地域に住む人ばかりではない。するととたんに「コミュニティデザインってどういう仕事ですか？」という質問に答えにくくなる。

コミュニティってなんだ？

この答えにくさは「コミュニティ」という言葉の定義があいまいなことに起因している。コミュニティの語源はラテン語の「コミュニース」。この言葉は「コム」と「ミュニース」というふたつの語からなる。コムは「一緒に」、ミュニースは「任務」という意味なので、コミュニースは「一緒に任務を遂行すること」というほどの意味になる。つまり、コミュニティは「一緒に任務を遂行しようとする人の集まり」ということになる。

ただし、この言葉は昔から頻繁に使われていたわけではない。欧米では1920年ごろから盛んに使われるようになってきたといわれている。有名なのは1917年に出版されたマッキーヴァー（1882～1970、米国の社会学者・政治学者）の『コミュニティ』（ミネルヴァ書房）という著書。直球のタイトルだが、このころから「人と人とのつながりってやっぱり大事だよね」という話がささやかれ始めた。

それまでだと、コミュニティや共同体という言葉は、縛りつけとかしがらみとかネガティブな側面が強調されるものだった。ところがマッキーヴァーは新鮮な目でコミュニティの利点を説いたのである。コミュニティはわずらわしいことばかりではなく、人間の生活にとって大切な部分を支えている、と。

ややこしいのは、「コミュニティ」という言葉の意味が時代によって変化していくことである。マッキーヴァーという人ひとりとっても、初版のころは国家や制度からコミュニティを語っていたのに、晩年の版では人々の心や一体感を重視したような内容になっている。ひとりの人間のなかでも時代ごとにその定義が変わったコミュニティなので、人によってその捉え方が違うのは当然かもしれない。１９５５年にＧ・ヒラリー（１９２６〜）という社会学者が調べたところによると、「コミュニティ」の代表的な定義を整理すると94通りあり、共通しているのは「人々」と「場所」の２点だけだったという。

一方、日本でコミュニティという言葉が頻繁に使われるようになったのは１９６０年代だといわれている。このころ、日本でも「やっぱり人のつながりは大事だよね」という話になってきた。

欧米は1920年代、日本は1960年代。このふたつの時期に共通しているのは、国の全人口に占める農村人口比率が3割を下回ったということだ。昔から多くのつながりがあった農村人口がどんどん減り、多くの人が都市部で生活するようになり、生活から人と人とのつながりがなくなってくるにつれ、「やっぱりコミュニティが大切だよね」という話が浮上してきたのである。

そんな言葉だから、コミュニティについては現在も諸説ある。

地縁型コミュニティやテーマ型コミュニティのほかにも、商店街などの共益型コミュニティや、会社などの社縁型コミュニティなど、細かく分類すればいろいろな種類があり、特徴を持っている。こうした特徴をうまく組み合わせながら、コミュニティ同士の協働を視野に入れつつ人がつながる仕組みをつくるのがコミュニティデザイナーの仕事だといえよう。

さらに、最近ではフェイスブックやツイッターなどインターネット上のソーシャルメディアによって生まれたコミュニティもある。この種のコミュニティはテーマ型コミュニティに近いものの、その数が極端に多かったり、結びつきが強かったりするため、一概にテーマ型コミュニティの一種だともいい切れない。

自分の仕事を説明しづらい人たち

こうして、僕はますます肩書きを説明しづらくなっていく。思えば、最近は自分の肩書きが説明しにくいという人が増えているような気がする。先日、シンポジウムの司会を務めたのだが、パネリストの4人がそれぞれ「私はもはや芸術家ではないと思います」「従来の建築家とはいえない活動をしています」「都市計画家とは名乗れないです」「不動産屋の範囲を超えた仕事をしています」と肩書きをあいまいにした。

マルヤガーデンズの仕事でご一緒したデザイナーのナガオカケンメイ氏は、自身のことを「つくらないデザイナー」と称し、自分で新しいものをつくるのではなく、良質なデザインが長く人々に愛される状況をデザインしようとしている。そんなナガオカさんは、自分の肩書きを自分で育てることを意識しているという。時代が変化し、言葉の意味も変化するわけだから、肩書きが意味するところも、その実践によって育てて変化させてしまえばいい。僕はそんな考え方に賛成だ。

そしていつか「コミュニティデザイナー」という肩書きが消えればいいと思っている。地域の外からコミュニティデザイナーなる人がやってきて、その地域の人のつながりをつくって帰るというのは、少し異常な状態だ。そうまでしなければつながりは生まれないのだろうか。地域の人たち同士が自然につながり、協力してまちのために活動するような時代は来ないのだろうか。

医者の仕事における究極的な目標は、医者の要らない世界をつくることだろう。弁護士も同じはずだ。争いごとが起きない社会をつくり、弁護士の仕事がなくなることが究極の目標だろう。建築家の仕事も本来は同種なはずだ。住むための家がなくて困っている人がこの世からいなくなり、建築家という仕事が消えてしまうことこそ究極の目標である。もちろん、実際には建替えや災害など建築物を設計する仕事が消えることはないだろうが、「人口減少時代にどうすれば建築の仕事を増やすことができるか」などというシンポジウムを聞くたびに少し首を傾げたくなる。

究極の目標は自分の仕事を消すことであるという意味では、僕もまたコミュニティデザイナーという仕事がこの世からなくなればいいと思う者の一人である。外部の手助けなどなくても自らの手でコミュニティを元気づけます、つながりをつくります、という社会になれば、僕は喜んで別の仕事を探しに行くだろう。ランドスケープデザイナーからコミュニティデザイナーになったときと同じように。

「はたらく」という言葉は、「はた」にいる人を「らく」にする行為を指すという。悔いなく「はたらく」ために、「はた」にいる人がどんなことに困っているのかを調べ、どうすればそれを「らく」にすることができるのかを考え続けたいと思う。

5. ブライアン・オニールという人

軍用地から国立公園へ

兵庫県の有馬富士公園でパークマネジメントに関する仕事に携わった際、海外の事例をいくつか調べた。パークマネジメントとは、公園の魅力を向上させるための運営方針を検討し、それを実行することである。「公園を運営する」という考え方は、これまであまり一般的ではなかったが、アメリカでは特にこのパークマネジメントが盛んだという。有馬富士公園では、公園周辺に住んでいる人や活動している人が公園の運営に参加し、園内各所で自分たちがやりたい活動を展開し、その活動を一般来園者向けに公開してもらうという方法でパークマネジメントを進めている。

1999年から携わっていた有馬富士公園のパークマネジメントが2001年の開園によってひと段落したころ、本場アメリカのパークマネジメントを勉強しに行ったほうがいいのではないかと考えた。そこで2003年にアメリカのいくつかの公園を回ってパークマネジメントの実践例を調べた。なかでも特徴的だったのがサンフランシスコにあるクリッシーフィールドという国立公園である。

クリッシーフィールドはサンフランシスコ市街地の北側に位置し、サンフランシスコ湾に面した細長い敷地である。かつてここは軍用地だったため、港はコンクリートで固められ、そこに多くの船が停泊していた。敷地内の道路は戦闘機などを運ぶため幅が広いのが特徴だ。多くの倉庫や官舎が建っており、敷地中央には滑走路がある。いわば、この滑走路の周りにいくつかの建物が貼り付いた空港のような敷地である。

90年代になってこの軍用地が移転することになった。アメリカにはミティゲーション法という法律があって、ある場所の自然を破壊して施設をつくる際には、別の場所に破壊した自然と同等の自然を回復させねばならないということになっている。軍用地も例外ではない。クリッシーフィールドの軍用地が移転するとなれば、移転先に新しく軍用地をつくるために破壊した自然と同等の自然をどこかに回復しなければならない。手っ取り早いのは、クリッシーフィールドで自然回復することだろう。そこでアメリカ軍は考えた。クリッシーフィールドの敷地を国立公園局に譲って自然回復してもらえば、ミティゲーションの役割を果たしたことになる。移転先の開発も認められるだろう。そう考えて国立公園局と交渉した。

ところが、国立公園局としてはコンクリートとアスファルトで埋め尽くされた軍用地をそ

米軍基地の跡地を公園にしたクリッシーフィールド
(サンフランシスコ市)

のまま譲り受けても、自然回復のコストが膨大にかかってしまう。国立公園の面積が広がるのは嬉しいが、そのまま受け取ると大変なことになると察知したのだろう。アメリカ軍がクリッシーフィールドのコンクリートを剝がし、地形をつくり、土が見えるところまで自然地形に戻してくれるなら、その上の自然回復は国立公園局側でやろうという話をした。

背に腹は代えられない。軍はその条件を飲み込んで、クリッシーフィールドのコンクリートやアスファルトを剝がし、起伏を生み出し、サンフランシスコ湾の水を園内に取り込むような公園の基本的な姿をつくりだした。

有償の公園利用プログラム

こうした交渉を進めたのが、クリッシーフィールド界隈の国立公園の責任者だったブライアン・オニール氏だ。オニール氏は、軍がつくった基本的な地形の上に自然回復プログラムを設定し、より多くの市民に参加してもらうことで多くのお金をかけずに自然を回復させる方法を考えた。

そのうちのひとつがＮＰＯ法人クリッシーフィールドセンターへの指定管理委託である。民間のアイデアを活かして効率よく自然回復を進めるよう頼んだというわけだ。クリッシーフィールドセンターは園内の倉庫を改修してパークセンターとし、そこで多くの公園利用プログラムを開発した。

たとえば「泥石鹸をつくるワークショップ」。園内の湿地帯にある泥を採取して、化学薬品を使わない泥石鹸をみんなでつくろうというワークショップだ。できあがった石鹸は持ち帰ることができる。参加費は１人２０００円。オーガニックな石鹸をひとつ買うだけでも１５００円から２０００円はかかる。ワークショップに参加すれば、原材料までもしっかりと自分で確認しながら安心できる石鹸をつくることができ、一緒に石鹸をつくった人たちと友達になることもできる。アメリカのワークショップは講師が面白い。ジョークを交えた話を楽しみつつ、仲間をつくるとともに、石鹸をつくって持ち帰ることができる。１人で映画を観て２０００円払うよりも楽しめるかもしれない。こうしたプログラムがたくさん用意されているのがクリッシーフィールドセンターだ。

ほかにも、海辺に流れ着いた漂着ゴミでアート作品をつくるワークショップ。これは著名なアーティストが協力しているワークショップで、集めてきたゴミでつくったアート作品には協力者としてアーティストがひとつずつサインする。プログラムの料金は1人3000円。無料のプログラムもある。湿生植物の特徴を学び、実際に植物を海沿いに植えてみるというプログラムだ。植物を植えることによって、水の流れ、潮風の影響、他の植物との関係、昆虫や動物の影響などを生態学的に学ぶことができる。実際に植物を植えることで、その関係性を実感できるとともに、自分が植えた植物がしっかり育っているか確認しに来ることになる。公園へのリピーターを増やすことにもつながる。

こうしたプログラムが秀逸なのは、参加費をもらいながら公園の自然回復に協力しているということだ。泥石鹼づくりは園内の湿地帯の泥掃除をしていると考えることもできる。アート作品づくりも海辺のゴミ掃除である。湿生植物の勉強会は自然回復作業の手伝いでもある。しかし参加者はそれを楽しんでいる。知らなかったことを知ることができるし、講師のジョークにお腹を抱えて笑うことができるし、同じことに興味を持つ多くの人と知り合うことができる。さらに石鹼やアート作品を持ち帰ることができる。その結果、公園が少しずつきれいになる。自然が回復されていく。こうしたプログラムに2000円や3000円を支払うというのは、とても気持ちのいいお金の使い方であるといえよう。

自然回復プログラムに参加して植物を植える来園者

ほかにも、サンフランシスコ湾のクルーズ、くじらの観察ツアー、自然のスケッチ教室など、100種類以上のプログラムが用意されている。講師はクリッシーフィールドセンターのスタッフが担当することもあるし、地域の有識者が担当することもある。また、一流のアーティストなどが「公園をよくするためなら」ということで格安の謝金で講師を担当してくれることもある。集まった参加費から講師料や材料費を除いた利益は、クリッシーフィールドの運営資金となる。

こうした一般市民対象のプログラムだけでなく、近隣の高校の理科の授業を外注として引き受けたり、大学の授業を受け持って学生に単位を与えたりしている。環境学習、生物学や生態学、ボランティア論など、学校では教えきれないことについて、実地で学生たちに教えることができるフィールドを持っていること、センター専任の職員が自然環境等に詳しいことなどを武器に、周辺の学校とつながりながらさまざまなプログラムを実施し、〝外貨〟を稼いでいるといえよう。

さらに、夏休みなどの長期休暇を利用した小中学生対象のサマーキャンプも実施している。サマーキャンプは長いものだと15日間くらいクリッシーフィールドに泊り込み、自然環境や文化環境について学ぶ。参加費は1人6万円程度。なかには、家族で参加できる10万円以上のキャンプもある。あるいは、若手リーダーを育成する研修キャンプなど、目的特化型のキャンププログラムもいくつか用意してある。

出前プログラム

園内には随所に説明板が設置してあり、水生植物の特徴や自然回復プログラムの概要などがわかりやすく解説されている。週末にはボランティアガイドも行われており、園内の見どころを解説付きで案内してもらうこともできる。また、パークマネジメントをサポートするボランティアの募集も盛んで、園内各所に机を出してボランティア登録したい人はその場で登録用紙が書けるようになっている。

こうした仕組みを知らなくても、海沿いのクリッシーフィールドを散歩したり、ゴールデンゲートブリッジを眺めたり、スポーツしたり、絵を描いたり、お昼ご飯を食べたりすることができる。ジョギングやローラーブレードをする人も多い。そんななかで、自然回復プログラムに参加している人たちが植物を植えていたりするわけだ。

また、クリッシーフィールドセンターのスタッフは来園者を待ち受けているだけではない。公園の外へ飛び出していって「営業活動」もしている。園内で育てた植物をトラックに詰め込んで、サンフランシスコのさまざまな街路で「ベランダに花を飾るワークショップ」を開催している。地域住民のつながりが希薄化してしまったエリアへ出向いて、その住民たちに呼びかけて寄せ植え講座を実施し、街路沿いのベランダにたくさんの花が飾られると風景が変わることを示す。メンテナンスの方法を参加者に伝えた後、クリッシーフィールドの名刺を配って帰ってくる。「何か相談があったらいつでもクリッシーフィールドセンターへ来てください」といい残して。

来園者を待つだけでなく、地域の役に立つ活動を出前して、これまで公園に来なかった人たちに公園まで足を運んでもらうきっかけをつくる。パークマネジメントの重要な視点だと感じた。

公園内のカフェには壁一面に子どもたちの笑顔の写真

ショップの品ぞろえ

クリッシーフィールドの園内にはいくつかのショップがある。パークセンターに併設したものもあるし、独立したショップになっているものもある。このショップには、来園者が興味を持ちそうな商品がそろっている。園内で読むとよさそうな新書、自然が好きな人が好みそうな動植物の写真集やイラスト集や絵本。寒くなったり暑くなったりしたときに欲しくなるパーカーや帽子。トランプなどのカードゲーム。オーガニック素材でつくったパスタやパスタソース、オリーブオイル、ジャム。

魅力的な商品が取りそろえられた店内の天井からは、「あなたの買い物が公園をサポートします」という看板が吊り下げられている。このショップで買い物することは、特定の企業を儲けさせるのではなく、公園を良好にマネジメントすることにつながる、というわけだ。

同様に、カフェの壁には多くの子どもたちの笑顔の写真がレイアウトされており、その上に「あなたがこのカフェを使うと、子どもたちが公園に来たくなるようなプログラムが実施できるようになります」という文字が掲げられている。こうした仕組みがわかると、園内のショップで気持ちよく買い物することができる。自分の買い物がパークマネジメントを支えているんだと思うと嬉しくなって、僕は行くたびにたっぷり買い物をしてしまう。

公務員コミュニティデザイナー

こうした仕組みをうまく組み合わせて、自然回復や公園管理のための資金を捻出している。もちろん、行政から公園の管理費は出ているものの、行政と民間がそれぞれできることを持ち寄ってパークマネジメントが展開されているという点でとても参考になる。

僕は2003年に初めてクリッシーフィールドへ行き、クリッシーフィールドセンターのディレクターと友達になり、上記のような話を聞き、ディレクターとともにクリッシーフィールドの仕組みをつくってきた行政側のブライアン・オニール氏にも大変興味を持った。いつかお会いしたいと思っていたのだが、ついに会えずじまいのまま2009年5月14日に彼は亡くなってしまった。まだ50歳代だったという。

2週間後、クリッシーフィールドの中央にある広い芝生広場でセレブレーションが行われた。クリッシーフィールドセンターのディレクターから知らせを受けた僕はすぐにサンフランシスコへ向かい、葬儀に参列した。関係者2000人以上が参列する葬儀であり、地域の青少年協会、教育委員会、YMCA、ボーイスカウト、さまざまなNPO法人、近隣の連合自治会、女性協会、子ども会など、生前にオニール氏がパークマネジメントを通じて協働した多くの人たちが壇上で挨拶した。行政職員がこれほどまでに地域住民とつながりを持っていたのか、ということに改めて驚くとともに、日本にこれほどの行政職員がいるだろうか、ということを考えさせられた。

葬儀には多くのレンジャーが訪れていた。レンジャーとは、国立公園内の自然を保護し、散策者の安全を確保するとともに、自然の魅力をわかりやすく来訪者に伝える案内者である。

オニール氏はもともと国立公園のレンジャーだった。国立公園を訪れる多くの人と対話したオニール氏は、クリッシーフィールドのパークマネジメントにおいても近隣の多くのコミュニティと対話を繰り返したのだろう。コミュニケーション能力の高い人だったと聞く。公園が望むこととコミュニティが望むことをうまく組み合わせ、相互のメリットになるようにパークマネジメントの仕組みをつくったわけだ。本人にお会いしたことはないが、僕は勝手にオニール氏をコミュニティデザイナーの先輩だと感じている。

5月のカリフォルニア。さわやかな空の下、広々とした芝生広場の真ん中で行われた葬儀。オニール氏の魂はみんなに祝福されながら空へと飛び立っていったような気がした。クリッシーフィールドの芝生広場は、かつて滑走路だった場所である。

6. 変化するコミュニティデザイン

3種類のコミュニティデザイン

最近すこし戸惑っている。『コミュニティデザイン』（学芸出版社）というタイトルの書籍を刊行した結果、各地で「コミュニティデザインというまったく新しい仕事」とか「世界初のコミュニティデザイナー」とか「コミュニティデザインという仕事をつくり出した男」などと紹介されるようになったのだ。慌てて調べてみると、日本で唯一でもなく、新しい仕事でもないことがわかってきた。ただし、これまでいわれてきた「コミュニティデザイン」と、いま僕が取り組んでいる「コミュニティデザイン」とは、若干の違いがあることもわかってきた。そのことについて少し書いておこうと思う。

日本におけるコミュニティデザインは、おおまかに分けると3種類に分類できそうだ。第1のコミュニティデザインは、建築物などのハード整備によってコミュニティを生み出そうとするもので、日本では1960年代から盛んに行われるようになった。第2は、建築物などのデザインにコミュニティの意見を反映させるもので、こちらは１９８０年代から盛んになった。そして第3は、建築物などのハード整備を前提とせず、地域に住む人や地域で活動する人たちが緩やかにつながり、自分たちが抱える課題を乗り越えていくことを手伝うものであり、２０００年以降に多く見られるようになった取り組みである。

コミュニティデザイン1.0

第一のコミュニティデザインにおける代表的な例は、１９６０〜７０年ごろに盛んだったニュータウンなどの住宅地デザインである。これは、「生活の入れ物」をうまくデザインすることによってコミュニティを生み出そうという試みだったといえよう。つまり、ハード整備によってコミュニティをつくり出すという発想のコミュニティデザインだ。

こうした発想が登場する理由のひとつに、ワルター・グロピウス（１８８３〜１９６９、ドイツの建築家）という建築家の思想が存在する。著名な建築家だったグロピウスは、１９４５年に発表した「コミュニティの再建」という論文のなかで、「建築することの最終的な目的は人間関係の確立だ」と主張している。当時、都市における人間関係はどんどん希薄になっていた。彼は「かつての街路や広場はコミュニティの交流の場だったのに、最近の街路は見知らぬ人たちが単に移動するだけの場になってしまった」と嘆き、「人は自分の興味のある分野にしか目を向けず、隣人が何をしているのかをまったく知らぬようになった」とぼやく。そして、現代社会の問題は、多くの場合こうした「人間関係の希薄化」と「隣人に対する無関心」から生じていることから、「コミュニティの再建こそが現代社会を救う唯一の道だ」と結論づけている。具体的には、新しく開発される住宅地の中心に公民館やプールや体育施設などを集めた「コミュニティセンター」をつくり、人々がそこに集まり、会話し、関係性を生み出すような都市の形態を提案した。

グロピウスの考え方はすぐに日本でも紹介され、郊外における住宅地の開発に活かされた。特に1960年以降に開発された大規模ニュータウンには、必ず「コミュニティセンター」や「コミュニティプラザ」なる施設がつくられ、ハード整備によってコミュニティを生み出そうという努力が繰り返された。ニュータウンが完成すると、見ず知らずの人たちが引っ越してきて同じ住宅地で生活することになる。この人たちが生活のなかでお互いに顔を合わせて挨拶するような住宅の配置はどうあるべきか、日本のコミュニティセンターにはどんな施設があるべきか、などが盛んに検討された。『集落の教え100』（原広司、彰国社）など、昔ながらの良質なコミュニティが残っている地域の空間構成を読み取り、それをニュータウンのデザインに活かすことで、ハード整備からコミュニティをデザインしようとした例も見られる。

こうしてできあがった住宅地では、人間関係が生まれ、自治会が誕生し、住民によってまちが管理されるようになることが期待されていた。いま考えれば、人と人をつなぐのに住宅の配置によって間接的にアプローチしようというのは少々回りくどく感じるかもしれない。もっと直接的にみんなで集まり、地域の自治について話し合えばいいではないかと思うむきもあろう。しかし、当時は日本の人口が爆発的に増えていた時期だった。加えて中山間離島地域の次男や三男がふるさとから出て地方都市へと集まっていた。こうした膨大な人口流入に対して、都市部では毎年大量に住宅をつくらねば追いつかない状況だった。だからこそ、ハード整備によって効率よく「生活の箱」をつくり出すとともに、これによってコミュニティをもつくり出す必要があったのである。

さらに、こうしたコミュニティデザインの動きはニュータウン開発だけにとどまらず、既成市街地にも適応されるようになった。クルマ社会の到来や長距離通勤者の増加、生活の個人主義化など、既成市街地でも生活者がほとんど顔を合わすことがなくなり、人間関係が希薄化し、自治会が成立しなくなったり、祭りの担い手不足が顕在化するようになってきた。こうした事態を打開するため、既成市街地でもコミュニティデザインの考え方を使って再開発が行われるようになってきた。たとえば、『建築文化』の1976年5月号は「コミュニティ・デザイン」の特集だったが、副題は「既成市街地の居住環境をいかにして整備するか」というもの。まさに、ハード整備からのコミュニティデザインである。目次は「居住環境整備の必要性と可能性」として、地区の構成（住宅、街路、コミュニティ施設など）、整備の手法（交通規制、緑化、町並保全、ミニ再開発など）、エレメントのデザイン（住宅の修復、交通規制のエレメント、歩行者空間、駐車スペースなど）と並ぶ。この特集におけるコミュニティデザインは「一定の地理的範域を対象にした主としてフィジカルな対応」のことであり、ハード整備によって良質なコミュニティをデザインしようという意思が感じられる。

コミュニティデザイン2.0

こうした試みは一定の成果を見ることになるが、一方で新たな課題も生じてくる。地域の人間関係を生み出すようにデザインされた住宅地だったが、そのデザインの主体は専門家だけであり、その地域に住む人たちの意見が反映されない場合が多かった。行政と専門家だけで公共施設をデザインし、住民はそれを甘んじて受け容れるだけ。なかには住民のニーズに合わない施設がつくられ、完成したのにほとんど誰にも使われない施設もあった。

「公共施設のデザインは、将来その施設を使う住民とともに考えるべきではないか」という発想から生まれたのが第2のコミュニティデザインである。これは「コミュニティによる施設のデザイン」と言い換えることもできるだろう。

こうした動きは1980年ごろから顕著になった。計画づくりに住民が参加すれば、その施設ができあがった後も引き続き住民はその施設を大切にするだろうし、使うだろうし、維持管理にも関わるだろう。さらにそのプロセスで人と人のつながりは強固なものになり、今度こそ目指していたようなコミュニティができあがるだろうという考えである。つまり、第2のコミュニティデザインは、コミュニティが参加して公共施設をデザインすることによって、住民のコミュニティ意識を高めることが目的だった。こうした文脈で住民参加型のデザインを実践したデザイナーとして、ランドスケープデザイナーのローレンス・ハルプリン（1916〜2009）、建築家のチャールズ・ムーア（1938〜）やルシアン・クロール（1927〜）やクリストファー・アレグザンダー（1936〜）、都市計画家のヘンリー・サノフ（1934〜）などを挙げることができる。このころ、「ワークショップ」という言葉が多用され、多くの人が集まって公共施設のデザインについて話し合う写真がよく紹介された。「まちづくり」という言葉が登場したのもこの時期である。ただし、彼らはその手法をコミュニティデザインとは呼ばなかった。

こうした手法にコミュニティデザインという名前をつけたのは、ランドスケープデザイナーのランドルフ・T・ヘスターである。彼は『まちづくりの方法と技術』（現代企画室）という本をまとめ、副題を「コミュニティー・デザイン・プライマー」とした。ヘスターはその著書のなかで、コミュニティがまちの計画に携わることを「ボトムアップの参加型都市計画、あるいはコミュニティー・デザインと呼ぶ」としている。ここでいうコミュニティデザインとは、日本でいうところのまちづくりとほとんど同義であると考えていいだろう。

ヘスターはいう。「デザイナーがコミュニティをつくることはできない。しかし、人々が集まる場所をつくることはできる。そしてコミュニティ意識を醸成することはできる」。目的はコミュニティ意識を高めることであり、生活環境への無関心を克服することであるが、本書を一読すればわかるとおり、ヘスターのいうコミュニティデザインもまたハード整備を前提としている。以下の定義にそのことがよく現れている。「コミュニティー・デザインとは、地域の生活環境の創造であり計画である。地域、公園、地域の施設、小規模の雇用周旋センター、そして時には町全体を、より公平な環境的資源の再分配のために創造し、計画する」。

僕が設計の実務に携わり始めたのは、まさにこの時期だ。住民参加型の公園づくりが各地で取り組まれ始めたところだった。5回ほどワークショップをやって、どんな公園が欲しいか意見を出し合い、設計者が住民の意見を加味したデザインを提示し、それを実際につくっていく。僕が興味を持ったのは、ワークショップの参加者がどんどん仲良くなること。5回目のワークショップが終わるころには、お互いにかなり仲良くなって「打ち上げ」と称してみんなで飲みに行ったりしていた。ところが、デザインが決まってワークショップを開催する理由がなくなると、この人たちは集まる理由を失う。これはもったいないと思った。公園をつくることが目的だからデザインが決まれば住民を集める理由がないのはわかるが、そこにできあがったコミュニティが霧散してしまうのはあまりにもったいない。このコミュニティがそのまま公園の維持管理やマネジメントに関わることはできないものか。そんなことを考えるようになった。さらには、公園づくりというハード整備がなくても、きっかけさえあれば地域の人たちに集まってもらうことができるのではないか、と考えるようになった。

ハード整備は年々少なくなっている。ハード整備を前提としないワークショップが開催できるようになれば、そこでできあがったコミュニティの活動に終わりはなくなるだろう。施設が完成したから役割を終えた、という一時的なコミュニティではなくなるはずだ。デザインのためのワークショップではなく、活動する主体をつくるためのワークショップ。つながりをつくるためのワークショップができないものかと考えるようになったのである。

コミュニティデザイン3.0

時期を同じくして、施設整備を前提としないワークショップがちらほら見られるようになってきた。ものをつくらないけど人を集める。当時、まちづくり関係者からは「設計案件がないのにどうやって人を集めるんだ？」といわれることが多かった。何かをつくるから意見を出してください、というのは住民を集めやすい。ところが、そのきっかけがないのに人を集めるというのは方法がわからない。また、そこで何について話をすればいいのかがわからないことが多い。まちづくりワークショップを経験してきた人たちにとって、何もつくらないのに人が集まってワークショップするというのは、そのきっかけも方法もわからないということだった。

しかし、施設をつくるという理由だけで人が集まるわけではない。楽しいことが始まるというだけでも人は集まる。自分たちが困っていることを解決するために集まる場合もある。集まるきっかけは何であれ、そこに人のつながりが生まれ、コミュニティが誕生し、地域の課題を乗り越えることになれば、コミュニティデザインがこれまで目指してきたことと同じではないか。そう考えるようになった。つまり、第3のコミュニティデザインはハード整備を前提としないものであり、第1や第2のコミュニティデザインが掲げてきた目標と同じく、コミュニティ＝人のつながりをつくるための手法だといえる。

だから、僕たちが関わっている第3のコミュニティデザインは、その対象がさまざまだ。公園を楽しい場所にするために集まってきたNPOやサークル団体やクラブ団体はもちろん、デパートもひとつのコミュニティだといえる。行政の部署も大学の学科もコミュニティである。もちろん、旧来からコミュニティとして認識されている自治会や商店街や商工会も当然コミュニティである。こうした人の集まりが力を合わせて目の前の課題を乗り越え、さらに多くの仲間を増やしながら活動を展開することを支援するのが第3のコミュニティデザインである。これは、コミュニティの力を増幅させるという意味で「コミュニティエンパワメント」や「コミュニティオーガニゼーション」と呼ばれる手法に近いのかもしれない。あるいは、社会福祉の分野でいわれる「コミュニティワーク」や、開発途上国支援の分野でいわれる「コミュニティディベロップメント」に近い方法なのかもしれない。いずれも「つくることを前提としないコミュニティづくり」であるから、今後はこうした分野の知見を活かしながら、コミュニティデザインの実践を続けたいと思う。

ハード整備を前提としないコミュニティデザイン

第3のコミュニティデザインについては、「ものをつくることを前提としないコミュニティデザイン」というほどのイメージしかない。まだその活動の全貌《ぜんぼう》が整理されているわけではないし、体系化されているわけでもない。僕が関わっているプロジェクトを以下に列挙するなかで、その特徴を感じ取ってもらえれば幸いである。

たとえば、利用者が減った公園を楽しい場所に変えていくためのコミュニティデザイン。

公園周辺で活動するNPOなどを誘って公園で活動してもらい、その活動に興味を持って来園する人を増やすという方法である。このとき、パソコン教室や英会話教室のように、従来であれば公園で実施するようなことではないかもしれないと思う活動を公園へと呼び込み、これまで公園に興味を持たなかったような人たちに公園を利用してもらうことが大切である。

こうした考え方はデパートのマネジメントにもいえる。鹿児島のマルヤガーデンズは、従来であればデパートで行われるような活動ではないようなことをデパートのなかで行うことによって、これまで訪れなかったような来館者を呼び込んでいる。こうしたお客さんがデパートで何かを購入して帰るという流れをつくり出すことが、単に商品やサービスの魅力を訴求し続けてもうまくいかないデパートの経営に新たな方向性を示すことになる。

同じことは商店街にもいえるだろう。郊外型の大規模ショッピングセンターやインターネットショッピングで買い物する人が増えているいま、商店街へと買い物に来てくれるように駐車場を広げたり、流行の店を誘致したりしても勝負にならないことが多い。むしろ、市内各所で活動していたコミュニティの方々を商店街に呼び込み、空き店舗やアーケードでさまざまな活動を展開してもらい、いつ行っても誰かが何かをしている商店街だという印象をつくり出すことが重要である。宮崎県の延岡市では、駅周辺や商店街を楽しい場所にするため、市内で活動するたくさんのコミュニティが立ち上がった。コミュニティの活動がファンを増

延岡市でのワークショップ。駅前を盛り上げようと多くのコミュニティが参加している

やし、一定の人を駅周辺や商店街へ呼び込む。商店街がいくつのコミュニティと関係を持つのかが、結果的に商店街を訪れる人を増やすことにつながり、空き店舗で新しい店を出したいという若者を生み出すことにつながるわけだ。

兵庫県姫路市のいえしま地域では、特産品開発をテーマに集まった人たちがつくるコミュニティが、特産品を販売した際に出る利益で広報をつくったりコミュニティバスを走らせたりしている。また、外国人を島へと呼び込むツアーを主催したり、ゲストハウスを運営したりしている。こうしたコミュニティは、従来からある自治会や婦人会とは違った枠組みであり、特産品開発というテーマによって集まった人たちがつくりあげたテーマ型のコミュニティである。第3のコミュニティデザインは、自治会や婦人

いえしま地域で行われているゲストハウスプロジェクト。
外国人がいえしまを訪れる

会などの地縁型のコミュニティと協力してプロジェクトを動かすこともあるが、新しいテーマを掲げることによってテーマ型のコミュニティを生み出し、地縁型とテーマ型の2種類のコミュニティがうまく協働する仕組みをつくることによってプロジェクトを進めることが多い。

島根県の海士町では、町の総合計画をつくるために集まった市民が複数のテーマ型コミュニティを生み出し、結果的に独自の活動を始めている。人が集まるきっかけは総合計画づくりでもいいが、これがイベントであってもいい。栃木県の益子町では、「土祭《ひじさい》」と呼ばれる新しい祭りが行われたが、16日間の祭りを運営したのはすべて市民であり、合計4万人以上の来場者をもてなした。そのときに集まった市民が祭り終了後に組織をつくり、いまでは「ヒジノワ」

土祭でガイドボランティア「キッズアートガイド」を担当する子どもたち

というコミュニティがまちづくりに関する活動を継続している。

岡山県の笠岡諸島では、子どもたちが話し合って離島の将来計画をつくった。この計画を大人たちに手渡し、10年後に自分たちが大人になるまで計画を実行して欲しいと迫った。子どものコミュニティが大人のコミュニティを本気にさせることにつながった事例である。

長崎県の五島列島では、半泊《はんとまり》集落という5世帯9人の小さなコミュニティが観光まちづくりを始めることになった。高齢化が顕著な集落では、自分たちの力で藪《やぶ》や道の管理ができなくなる。一方、都市部には川の石積みを体験したい人や山の木を切ってみたい人がたくさんいる。こうした人たちを少人数だけ受け容れるツアーを実施し、集落の住民が疲れてしまわない程度

笠岡諸島の「こども振興計画」を手にする島の子どもたち

にお客さんを受け容れ、おもてなし、集落の空間管理を体験してもらいながら魅力を知ってもらう。結果的に石積みや草刈りの作業を都市部の人に担ってもらうことになるのだが、来訪者はそれを楽しみながら集落の環境を深く理解することになる。人が来れば来るほど集落の空間は保全される。そんなツアーをデザインした。将来的には、集落の構成員として移住してくる人が現れるかもしれない。しかしまずはそのことを口にせず、集落の協同作業を体験してもらい、集落に住む人たちの人柄を知ってもらうことから始めたい。

行政組織の若手職員の研修を担当し、新たなコミュニティを生み出すこともある。集落支援員という目的特化型のコミュニティを行政組織内部につくり出すこともある。大学教授たちの

半泊集落の豊かな自然環境の魅力を伝える少人数ツアー

意見を聞きながら、学科というひとつのコミュニティの力を最大化する仕事に携わることもある。いずれもハード整備を前提としたコミュニティデザインではないものの、人が集まり、その人たちが抱えている課題を乗り越えるためにアイデアを出し合い、それを実行するプロセスをデザインする仕事である点は共通している。第3のコミュニティデザインは、このあたりに特徴があるのではないかと考えている。

時代とともに変化するコミュニティデザイン

第1、第2、第3のコミュニティデザインは、それぞれ1960年代、1980年代、2000年代から盛んになったものだが、現在でも並列して取り組まれている。ニュータウン開発などはかつてほど多くないものの、現在でも第1

のコミュニティデザインが取り組まれているし、住民参加型のデザインワークショップの現場では第2のコミュニティデザインが実践されている。ただし、こうしたハード整備を前提としたコミュニティデザインが少しずつ減っているのも事実である。なぜなら、すでに公共施設整備のための予算が減り、物をつくることとセットでコミュニティをデザインする機会が減っているからだ。もともと、コミュニティを生み出したり、コミュニティの力を高めたりするために、ハード整備を利用するというのは間接的な方法だ。人口が一気に増加した時代にはそれも有効だったかもしれないが、むしろ人口が減少し、ハード整備に関する事業が減少する時代にあっては、もっと直接的にコミュニティと関わる方法が有効になるはずだ。ハード整備を前提としない第3のコミュニティデザインは始まったばかりであり、まだその特徴が明確に整理できているわけではないが、まずは各地の現場へと足を運び、多くの人たちの話を聞き、地域に応じた実践を繰り返すなかで、コミュニティデザインの新しい方法論を見つけ出したい。

さらに個人的な願いを書き添えるとすれば、ひとりでも多くの人にこの原稿を読んでもらい、僕が「世界初のコミュニティデザイナー」ではないことを関係各位に知っていただきたい。講演会などでそう紹介されるたびに訂正の話が長くなって少々もどかしいのである。

第3章

人が変わる、地域が変わる

1. 人が育つ（中村さんの場合）

まちづくりに参加しなさそうな人

コミュニティデザインの現場で嬉しいことはいくつもあるが、参加した人の態度がどんどん変わっていくこともそのひとつである。当初、行政のやることには大反対か興味を持たなかった人が、ワークショップのなかで徐々に活躍し始め、まちは行政だけが運営するものではなく、自分たち市民が自ら運営すべきものであるということに気づくに至ることがある。こうした変化を目の当たりにすると、僕はコミュニティデザインという仕事がますます好きになる。島根県海士町で住民の方々と総合振興計画をつくったときにも、参加者のなかに大きく変化した人がいた。といっても、本人は自らの意志で「参加者」になったわけではないというのだが。

海士町で下水道整備の会社を経営する中村さんは、子どものころから地元のガキ大将だった。40歳を越えたいまも、かつてはヤンチャなことをたくさんやったであろうことが容易に想像できる出で立ちである。ごつい身体に「怒濤」と書かれた黒いＴシャツを着てまちを歩く。背中に龍が昇るような刺繡《ししゅう》が施された服を着るようなタイプといえばわかりやすいだろうか。初対面だと声をかけにくいタイプである。

そんな中村さんを紹介してくれたのは商工会の関係者だった。「このまちで面白い活動をしている人っていませんか？」と問い合わせたところ、バンドをやっていたり、小学生にレスリングを教えたりしている中村さんがいいだろうと紹介された。さっそく会いに行ってみると前述のような出で立ちである。「俺は行政がやることに興味はない」の一点張り。「商工会の先輩に頼まれたから来ただけだ。小難しい話をするな」といわれる。このタイプには、ぜひともワークショップに参加してもらいたい、と思った。

気持ちの変化

まちづくりのワークショップを開催すると、いかにもまちづくりが好きそうな人たちがたくさん集まる。こうした人たちが悪いわけではないのだが、真剣に話し合えば話し合うほど、その場に参加していない人たちと意識が大きく乖離《かいり》することが多い。そこで話し合った内容が、まちの総合振興計画の骨子になることを考えると、もう少し「普通」な感覚を持った人たちも参加していなければバランスが取れないと感じることが多い。

そんなとき、中村さんのような人がいてくれると、ワークショップの場を「普通」の感覚に戻しやすい。誰かが「そもそも市民ワークショップというのは……」なんて話をしはじめれば、中村さんが「おい、意味がわからんぞ！」といってくれる。演説し始める人がいたら「話が長いぞ！」といってくれる。これがありがたい。ということで、なんとしても中村さんにはワークショップに参加してもらいたいと頼み込んだ。何度も「めんどくせえ」といわれつつも、一度だけでいいから覗きに来て欲しいとお願いした。同時に、中村さんのバンド仲間も誘ってもらい、その人たちにもワークショップに参加してもらうことにした。こうして中村さんが渋々ワークショップの場に現れることになった。

ワークショップの場では、当然のように無口である。中村さんはめんどくさいと思っていたらしい。同じく引っ張り込まれたバンド仲間たちも「めんどくせえ」と思っていたそうだが、仲間を残して自分だけ消えるわけにもいかないので毎回ワークショップに参加していたという。

変化は3回目のワークショップあたりから出てきた。ずっと発言しなかった中村さんだが、「宿題」と称して次回までに調べてくることを提示すると、自分なりに調べてくるようになった。このころ、中村さん自身の気持ちにも変化が出てきたという。「島の外から入ってきたIターン（移住者）たちの発言が、思いのほか正しいことに驚いた。島のことをちゃんと理解している。Iターン者は何を考えているのかわからない奴らだと思っていたが、実はかなりいろんなことを知っているし、勉強もしている。島の人間だと思いつかないようなことを発言する。俺たちもちゃんと勉強しなければならないと思った」。

そう思ったことがきっかけで、ワークショップの宿題をこなし、資料をつくり、話し合いにも参加するようになってきた。中村さんが参加したのは子育てや教育など「人」について考える「ひとチーム」だったが、同じチームのメンバーから多くの影響を受けたし、影響を与えた。地元の人間関係を把握している中村さんだからこそわかることもあったし、中村さんが頼めば活動に協力してくれる人がいることも多かった。こうして、中村さんは「ひとチーム」の中心的な存在になっていった。

本業でもまちづくりの活動を開始

これは後で知ったことだが、実は「ひとチーム」で活動している最中に、中村さんは本業である下水道会社でもまちづくりのための取り組みを始めていたという。チームで話し合うなかで、自分にできることからやり始めたいと思ったそうだ。

下水道の会社は、それぞれの集落を回って浄化槽の水質検査を行う。3ヶ月に一度、島内すべての集落を回ることになるので、そのときに「何か手伝って欲しいことはありますか?」と聞くようにしたという。これを「10分間サービス」と呼んでいた。社員全員が、検査で訪れた家の人に10分間のサービスをすることで、電球を取り替えたり荷物を移動させたりして欲しいというニーズに応えようというのである。「検査で海士町の14集落を回ると、高齢化が進んでどんどん生活しづらい状態になっているのがわかる。10分間の手伝いがあれば助かるという人がたくさんいる。俺たちは町内唯一の下水道会社なので、いわば独占企業。だからこそ、しっかりサービスしなければならない。少しの手伝いでかなり助かるという人がたくさんいるのが島の集落だ」と中村さんはいう。

始めた当初は「突然そんなことをいわれても特に頼みたいことはない」という答えが多かったそうだ。「それなら3ヶ月後までに考えておいてください」といいながら、徐々に要望を聞き出すようにしている。たまたま畑仕事を終えようとしていた人に、「じゃ、あと10分間耕してくれ」といわれたスタッフがいたそうだ。10分間では終わらず、結局30分くらい耕した後、スタッフは泥だらけになって会社に戻ってきた。

「まずはそこからだ」と中村さんはいう。「ひとチームに参加して、Iターン者たちの発言に影響されたことは確かだろう。自分でも島のために何ができるかを考えたし、実行したくなった」。

「ひとチーム」が主催する一日限定イタリアンレストラン。地元のバンドが協働する

新たな活動へ

「ひとチーム」の活動はいまも続いている。保育園の跡地を改修し、地域の人たちが気軽に集まることのできる場所をつくった。そこで一日限定のイタリアンレストランを試しに開業してみる人がいたり、中村さんたちのバンドがライブをやったり、バーを開いたりしている。そのつど、多くの地域住民が保育園跡地に集まる。地域のお年寄りたちも集まり、久しぶりに顔を合わせ、情報交換する。こうした活動は、ワークショップで提案された事業であり、総合振興計画に位置づけられた事業でもある。

この種の事業は、ほかのチームでも展開されている。海士町の総合振興計画づくりでは、「ひとチーム」だけでなく、「産業チーム」と「暮らしチーム」と「環境チーム」が誕生した。

この4つのチームがそれぞれ主体的に活動している。当初のメンバー以外にも活動に参加する人たちが増えており、現在では300人くらいの町民が何らかの形で総合振興計画に関する事業に参加している。

人口約2300人の海士町で300人がまちづくりに参加している。となれば、残り2000人に対するケアも必要だということで、集落支援員を募集した。集落を回りながら、その生活を支援する人を募集したのである。

そこに中村さんが応募した。かつての中村さんなら見向きもしなかったような公募だろう。「10分間サービスのようなことをしっかりやりたい」というのが応募の動機だ。とても嬉しい変化である。中村さんは無事採用され、現在は集落支援員としても活躍している。

中村さんは、最近よく喧嘩するそうだ。先日も飲み屋で昔の仲間と喧嘩したという。「お前は何でそんなことやってんだ。柄でもない。偽善だろ。早く辞めろ」といわれるので、腹が立って喧嘩になる。何度伝えても自分がやりたいことが伝わらない。いまは「俺は辞めない」とだけいうらしい。

ただし、そのまま喧嘩を終えないのが中村さんらしいところだ。結局、喧嘩した相手をバンドに引き入れて、まちづくりの活動などで共演させてしまっている。言葉で伝えることはできないかもしれないが、一緒に活動していれば中村さんが何をやりたがっているのかが徐々に伝わるだろう。
人はそれぞれのやり方でコミュニティデザインを実践しているわけだ。

2. コミュニティ活動に参加する意義（小田川さんの場合）

レクリエーションとしてのまちづくり

まちづくりの価値について、油断すると経済的な価値、それも金銭的な価値が最終的な目標とされてしまうことについては前に書いたとおりである。ところが、僕の感覚ではまちづくりやコミュニティデザインはレクリエーションのようなものである。いや、実はこの言葉も少しニュアンスが違うのだが、入り口としてはむしろレクリエーションのようなものだと捉えたほうがわかりやすいと思っている。

レクリエーションとは、創造性を回復するための行為だといわれている。つまり「リ・クリエーション」という考え方だ。何かを生み出す仕事を続けていると疲弊してくる。その創造力（クリエーション）を回復させるために、「リ・クリエーション」が必要であり、ハイキングへ行ったりバーベキューをしたりして英気を養う。その結果、さらなる創造力を発揮して仕事に取り組むことができるようになるということなのだろう。

まちづくり活動やコミュニティ活動は、仕事の延長だと考えるのではなく、レクリエーションの一部だと考えるほうがいい。テニスをしたり、野球をしたりするのと同じだ。そのためにテニスコートを借りたり野球場を借りたりしなければならないのであれば、メンバーみんなでお金を出し合って楽しむ。これと似ている。コミュニティ活動も、基本的には自分たちが楽しむために行うものであり、必要ならみんなで資金を出し合う。そこで得たことが、自分の仕事の活力になり、新鮮な気持ちで働くことができるようになる。まさにレクリエーションである。活性化とは本来こういうことを指す言葉だろう。

ところが、まちの活性化というとどうしても「経済活性化」ということになり、それはつまり「金銭的に儲かること」という意味になってしまう。まちの活性化というのは、まちを構成する一人ひとりが活性化することであり、つまりは「よし、やるぞ！」という活力を得ることのはずだ。「生きていくための活力を得る」ことが活性化であり、多くの人がそう感じることができるようになることが「まちの活性化」である。

そう考えると、金銭的に儲かることも「よし、やるぞ！」というモティベーションにはなるが、逆にモティベーションを高める要素は金銭だけでないことも確かである。一緒に活動する人に励まされることもあるし、活動の結果が大きな達成感を与えてくれることもある。まちの人たちから感謝されて嬉しくなることもあるし、いままでできなかったことができるようになることもある。こうした経験すべてがやる気につながり、さらなる創造性を沸き立たせてくれることになる。その意味では、まちづくり活動やコミュニティ活動はレクリエーションの一種だといえよう。

レクリエーションを疑ってみる

さらに細かく考えると、そもそもレクリエーションという言葉が労働側に軸足を置いた発想であるのが少し気に入らない。労働でへとへとになった人がレクリエーションで英気を養い、その結果また労働に集中するための「リ・クリエーション」になってしまっているのはもったいないことだ。むしろレクリエーション自体を楽しむという発想があってもいい。

レクリエーションは余暇活動と訳される。つまり「余っていて暇な時間にやる活動」ということになる。しかし、実際には労働と余暇という関係、つまり主従関係ではなく、どちらも対等に大切な関係にあると考えたほうが自然だ。あるいは両者が渾然《こんぜん》一体となった働き方や生き方もあるだろう。僕らの働き方はまさにそれが混ざっていて切り分けられない。働いているのか遊んでいるのかわからない時間ばかりだ。しかし、その両者がうまく刺激し合い、成果を生み出してくれている。同様の働き方をしている人はきっと増えているだろう。友人を見渡しても、そのタイプの働き方にシフトしている人がかなり多いことに気づく。すでに労働と余暇をふたつに切り離して、労働力を回復するためのレクリエーションに励む人は少なくなっているように感じる。

その意味では、まちづくり活動やコミュニティ活動が「リ・クリエーション」だともいい切れない。むしろ、「どっちが本業かわからなくなっちゃいましたよ」と笑いながら活動する市民の笑顔を見れば、何が大切なのかがすぐにわかる。

僕たちはまちづくり活動やコミュニティ活動から多くのものを得ている。儲けている。それは金銭的な儲けに限らない。むしろ、活動の初動期は金銭的な儲けはほとんどない。が、やっていて楽しいと思えることがあれば、活動を続けてしまう。何年か経って、活動が認知され、人々に求められるものになった後に、金銭的な儲けも少しついてくるようになるかもしれない。が、それはもともとの目的ではない。

まちづくりに関わらなさそうな人の力

コミュニティの活動（これをコミュニティアクションと呼ぶこともある）に参加していることによって多様な儲けを得た人の例は枚挙に暇がない。各地で豊かな人生を手に入れた人たちがいる。前述の中村さんもその一人だ。同じく、海士町で別の方向から活力をもらったと語る人がいる。小田川さんという30代の女性だ。おしゃれな女性である。バッグ、エステ、ネイルに興味があり、逆に行政のやることにはほとんど興味がない。期待もしていない。ましてや、「まちづくり」なるものに関わりたいとは思っていなかった。すばらしい女性である。こういう人にこそ、まちづくりに関わってもらいたい。中村さんと同様に、こういう人の意見がまちづくりに関する議論を「普通」のものにしてくれる。同様に、半ば無理やり誘ってワークショップに参加してもらった。

ワークショップ会場を見た小田川さんの第一印象は「嫌だなぁ。こういう場所には来たくないなぁ」というものだったという。「いいことばかり言っている人が集まってるし、とにかくめんどくさそうだと思った。なのに毎回電話がかかってくるので断れなくて参加してしまった」。

そして、阿弥陀くじに負けて「ひとチーム」の副リーダーになってしまう。そうなったあたりで吹っ切れたらしい。「どうせやるなら自分がやりたいことを提案しようと思った」。そこで、エステやネイルができそうな場所をつくりたいと提案。人が集まる場所ができれば、そこでいろんな活動が起きるし、いろんな会話が生まれるはず。いまはそれぞれが家のなかでインターネットやテレビから情報を得ていて、島の人たち同士が集まる場所が少ない。そう考えた小田川さんは、保育園の跡地を改修して誰もが企画を持ち込んで実践できる場所をつくろうと提案した。

チーム内からは、賛成や反対などいろんな意見が出た。文字通り、泣いたり笑ったり怒ったりしながら、チームで協力してプロジェクトを立ち上げた。友達や先輩にも協力してもらって、保育園跡地のマネジメントに関わった。友達がイタリアンレストランを一日限定で開催してくれたり、中村さんがバンドのライブをやってくれたりした。こうした活動は現在まで続き、より多くの人たちが保育園跡地を活用するようになってきている。

コミュニティに何が可能か

いまでこそ、元気に「ひとチーム」の活動を実践してくれている小田川さんだが、保育園跡地の活動が始まる直前に自身が乳癌であることが発覚した。すぐに手術を行い、その後は放射線治療のため１ヶ月間入院した。島に戻ってからも抗癌剤の治療が続いた。

ショックと薬の影響で気分が落ち込む日々が続いたという。「そんなときに、ひとチームの仲間がいたことはすごい財産だと感じた。何かに打ち込めるというのが大切だった。将来のことや死のことを考えると不安になったし、精神的にも体力的にも厳しい日々が続いていた。でも、同じチームの人たちが励ましてくれたり、相談に乗ってくれたりしたので活動を続けることができた」と、小田川さんは振り返る。

同じチームに前述の中村さんがいた。普段から喧嘩ばかりしている相手である。その中村さんが「保育園跡地のプロジェクトはお前がやるといい出したことやろ。しっかりやれ！」と小田川さんに檄《げき》を飛ばしたそうだ。

中村さんらしい励まし方である。関西の男性に多いタイプだ。たとえば、一緒に道を歩く女性がつまずいたとき、関東だと優しく「大丈夫？」と声をかけるそうだ。関西では当然、「何しとんねん（笑）」と笑い飛ばす。関西の女性は、そこで「大丈夫？」と声をかけられると余計に恥ずかしくなるという。小田川さんに対して中村さんが「しっかりやれ！」と檄を飛ばしたという話を聞いたとき、すばらしいコミュニティができあがっていることを実感した。

コミュニティの活動に参加する意義はいろいろある。生きていく活力がもらえるというのもそのひとつだ。活性化は単に金銭的な儲けを生み出すことだけを意味するのではない。コミュニティに関わることで得られる果実は、関わった人それぞれにとって違うものだろう。自分に必要な果実を組み合わせて手に入れることで、その人の人生がより豊かなものになるとすれば、コミュニティデザインに携わる者としてこれほど嬉しいことはない。

3. チームについて

いえしまへ押しかける

コミュニティの活動に参加することによって、人のつながりが生まれ、そのつながりがいろんなことに作用するのを見てきた。前述の小田川さんもそうだったが、兵庫県姫路市の離島、いえしま地域のおばちゃんたちもすばらしい仲間を見つけたといえよう。いえしま地域は、僕たちが初めてコミュニティデザインの仕事に取り組み、実験的な取り組みを繰り返した場所である。

コミュニティデザインという聞き慣れない仕事を始めるにあたっては、待っていてもほとんど仕事は来なかった。当然のことである。だから、設計事務所から独立して仕事を始めた当初は、設計の手伝いをしながらコミュニティデザインの仕事ができる機会をうかがっていた。そんなとき、学生の卒業制作を指導するという立場でいえしま地域に関わることになった。これは仕事のようで仕事ではない。少なくとも、いえしま側から頼まれたわけではなく、こちらから勝手に押しかけて行ったわけだ。というわけで、僕たちが島のためになるだろうと思うことを片っ端から試してみた。

そんななかで出会ったのが、いえしま地域のおばちゃんたちである。本人たちはいまでも「おねえさんと呼びなさい」というが、メンバーの何人かはすでに孫がいる。もともとパチンコやらカラオケやらが好きなおばちゃんたちだったが、一緒に活動するという機会はほとんどなかったそうだ。ところが、僕たちがいえしま地域でまちづくりに関する活動を開始し、2人のおばちゃんと出会ってから、徐々に島内のほかのおばちゃんを紹介してもらい、その人たち同士も知り合うことになっていった。

普段どおりの生活を見せる

最初に知り合った2人のうちのひとりが岩本さんである。岩本さんはご主人が鉄工所を経営しており、自身は「まちづくり」という不思議な言葉に惹かれてワークショップに参加するようになった。そこから徐々に仲間が増え、一緒に活動するおばちゃんたちが10人を超すほどになった。

島外の大学生たちと島の魅力を探る「探られる島プロジェクト」や、外国人観光客を受け容れる「いえしまコンシェルジュプロジェクト」、島の魚を使った「いえしま特産品開発プロジェクト」など、僕たちとおばちゃんたちは島内の人脈をフル活用してさまざまなプロジェクトを立ち上げた。そして、２００６年にはおばちゃんたちが集まって「ＮＰＯいえしま」という法人を立ち上げた。

明るい性格のおばちゃんたちは、気分が乗ってくるとすぐに歌い出すし踊り出す。このキャラクター自体がいえしま地域の大きな資源である。ありのままの姿を見てもらえば、観光客は喜ぶはずだ。そこでおばちゃんたちには「普段どおりの生活をそのまま見せてください」とお願いした。最初は「普段どおりの生活を見て何が面白いの？」と躊躇《ちゅうちょ》していたが、いまはもうやりたい放題である。

いえしま地域での取り組みが少しずつ有名になって、全国から視察者が訪れるようになった。おばちゃんたちは、そんな視察者を捕まえては普段どおりカラオケへ連れ込む。お酒を飲みながら歌い放題。歌いながら踊り出すし、踊りながらカラオケの外に出て行く。何人かで列をつくって踊りながら出て行って、帰ってくるとおばちゃんが何人か増えていたりする。近くを通りかかった人たちを巻き込んで連れてきてしまうのである。

あるいは、同じく視察者を場末のクラブへ連れ込み、一緒にお酒を飲んではピーナッツを鼻に詰め込んで飛ばす。「空気が抜けるわ」ということで、ピーナッツよりも一回り大きいジャイアントコーンを鼻の穴にねじ込んで飛ばすおばちゃんもいる。飛距離が伸びるそうだ。

こうして飛ばしたピーナッツやジャイアントコーンを視察者の顔に命中させると歓声が上がる。

「普段どおりを見せたらいいんやろ?」というのがおばちゃんたちの口癖。やりたい放題、普段どおり振舞って、次の日にはほとんど覚えていない。「なんか鼻が痛いんやけど、なんでやろう?」などと話している。不思議なことかもしれないが、最近では「あのおばちゃんたちに会いたい」ということでいえしま地域を訪れる人が増えている。

コミュニティデザインの成果

そんななか、最初のメンバーだった岩本さんの旦那さんが脳卒中で倒れた。すぐに船で姫路の病院へと運ばれて入院することになった。手術後も意識が戻らない。医者の話だと、リハビリをしてもこれ以上よくなることはないという。当時、千里リハビリテーション病院という病院のデザインに関わっていたので、理事長に相談してみると、「リハビリテーションは状態を回復することを指す言葉なんだから、いまよりよくなることはないと最初から諦めるのはマズイ」という。そこですぐに岩本さんに連絡し、転院することを勧めた。岩本さんの対応は早く、2日後には旦那さんを千里リハビリテーション病院へと入れた。

後日、岩本さんが改めてうちの事務所まで来てお礼をしてくれた。病院を紹介したお礼だ

東京で特産品を販売するいえしまのおばちゃんたち

という。こちらとしては、お礼されるほどのことをしたわけではないので困ってしまうが、少しでも役に立てたのなら嬉しいと思った。驚いたのはその後のことだ。久しぶりにいえしま地域へ行くと、岩本さん以外のおばちゃんメンバーが代わる代わる握手して、「岩本の旦那を転院させてくれてありがとう」という。中には涙を浮かべているおばちゃんまでいる。岩本さんの状況を自分のことのように心配している。すごいコミュニティができたものだと思った。

　コミュニティデザインの成果はどこにあるのか。これを一言で説明するのは難しい。もちろん、そのつど小さな成果を上げて、それを積み重ねていくということも大切だろう。特産品が開発できたり、それが売れたり、その利益で広報を発行したり、コミュニティバスを走らせたりする。これもＮＰＯいえしまが誕生した結果、新たに生まれた価値だといえる。しかし、もっと大切な価値は、ＮＰＯいえしまのおばちゃんたち同士のつながりであり、このＮＰＯに関わる人たちとのつながりだろう。

人と人とのつながりが疎遠になっているのは都市部だけではない。中山間離島地域でも同様につながりが希薄化している。テレビやインターネットを介して世界とつながり、隣人と協力することが疎まれるようになっている。しかし、このままでは人が集まって暮らす意味がなくなる。せっかく同じ地域に集まって住むのであれば、そこに有機的な人のつながりがあったほうがいい。そのほうが楽しいし、いざというときに助け合える。つながりが求められるのは大災害が起きた後だけではない。普段から人のつながりがあることによって、生活が豊かなものになるし、災害時にもすばやく助け合うことができるようになる。

普段どおりの姿をさらけ出して踊るいえしまのおばちゃんたちを眺めていると、つながりの大切さを改めて実感する。

4. 中山間離島地域に学ぶ

中山間離島地域の魅力

中山間離島地域はふたつの意味で魅力的だ。

ひとつは、まだ「共同体」「つながり」が残っているという点だ。もちろん、中山間離島地域も都市化が進んだので、移動はほとんど自動車だし、子どもは携帯用ゲームで遊ぶばかりだし、インターネットは快適に使えるので部屋にこもったまま出てこない人も多い。それでもまだ、共同体として助け合って生活するという基礎は残っている。だから、コミュニティデザインを考える上で、理想的なつながりの強度を検討するのに最適な場所であるといえる。

もうひとつは、日本のどの地域よりも人口減少や高齢化が進んでいるという点だ。最先端の場所だといえる。多くの地域が今後、中山間離島地域で起きているような課題を抱えることになるだろう。そのとき、30年前から人口減少と闘ってきた地域が何をしてきたのか、40

年前から高齢化に悩まされてきた地域がどう生活してきたのか、ということが大いに参考になるはずだ。そのとき重要になる視点のひとつが「つながり」であり、コミュニティのあり方だろう。

だから僕は中山間離島地域に注目している。うちの事務所の仕事は、中山間離島地域での仕事と都市部での仕事が半分ずつくらいある。いえしま地域や海士町や五島列島などは中山間離島地域だが、大阪や京都や東京や横浜の仕事は都市部の仕事だ。その間に位置するような地方都市や郊外住宅地での仕事もある。しかし、おおむね中山間離島地域で培った経験や知識がその他の仕事に役立っている。中山間離島地域で見聞きしたことをアレンジして都市部のプロジェクトに応用しているといっていいだろう。

中山間離島地域の魅力を知り尽くすIターン者たち

中山間離島地域の興味深い点を探るために、ひとりで地域を歩き回るのもいい。いろんな人の話を聞くのもいい。ただし、その地域にずっと住んでいる人は何が興味深い暮らし方なのかを自覚していない場合が多い。本人にとってはどれも「当たり前」なことなのである。

しかし、その「当たり前」のなかに興味深い点がある。新たな発見がある。そのことを手っ取り早く把握しようと思えば、都市部から集落へと移り住んだIターン者に話を聞くのがいい。ヨソモノの視点から地域の特性を語ってくれるからだ。

たとえば、集落で暮らすために必要なことは何か。何人かのIターン者に話を聞いたところ、「挨拶」と「草刈り」だという。とにかく挨拶は大切らしい。どんなに遠くにいても挨拶しておかないと「あいつは挨拶ひとつできない」といわれてしまう。ちょっとすれ違っただけでも挨拶は必須だが、遠くに姿を見かけたときにも大きな声で挨拶しておくほうがいいそうだ。こうしてしっかり挨拶できる人には、いろんなものが家に届く。大根、にんじん、柿、みかん。離島であれば生の魚が届く。

さらに大切なのは草刈りらしい。草刈りの日には、みんなが集まる一時間前から出て行って、先に草刈りをしておくこと。これが大切だという。これさえできれば「いい人」という評価になる。みんなより一時間前から草刈りする人だということになれば、家に届くものも変わる。「できたもの」が届くことになる。これが重要なのだ。生のものが届くよりもステータスが高い。漬物が届く。煮物が届く。赤飯が届く。生の魚ではなく、煮魚が届くようになる。こうなれば集落に受け容れられたと考えていいそうだ。

こうして「できたもの」が届くというのは、「あなたを受け容れましたよ」という意思表示であるとともに、ちょっとした自慢でもあるようだ。「私はこういうものがつくれますよ」という料理自慢である。当然、食べた後はしっかりと褒めておく必要がある。また、折を見てお礼をする必要がある。何か自分にできることをして差し上げるべきなのである。若いIターン者であれば、インターネットを使ったお手伝いが有効だ。地域で買えないものなどを、インターネットで注文してあげるとかなり喜ばれる。商品は直接本人の家に届くように設定しておけば、こちらがやるのは注文だけで済む。メモ用紙に書かれた注文リストを見ながらネットで注文する。商品が先方に届くと、数日後にはまた「できたもの」が家に届くことになる。

中山間離島地域での買い物

日常の買回り品のなかでも、高齢者が買いにくいのがトイレットペーパーなのだという。12ロールのトイレットペーパーは、杖を突きながら持ち運ぼうとしてもアスファルトの道路に引きずってしまう。とはいえ、引きずらないように腕を持ち上げたまま家まで歩くわけにもいかない。シルバーカーを利用する高齢者は、トイレットペーパーを前カゴに入れて運転すると前方が見えなくなる。こうして、トイレットペーパーはネットで注文してもらいたい商品の上位にランクインする。

こうした事情をいち早くキャッチする企業がある。たとえばクロネコヤマトは、宅急便事業のほかに商品の販売事業も行っている。「特選市場」と呼ばれる販売事業で扱われているのはトイレットペーパーとミネラルウォーター。持ち運びしにくいものだけを扱っている。当然、注文はインターネットではなく、高齢者が使い慣れた電話で受け付けている。

中山間離島地域を含めて、全国の自宅へ荷物を運んでいるうちに、「クロネコヤマトさんではトイレットペーパーを販売していないの？」と何度も聞かれたのではないだろうか。こうした声を反映させた事業はニーズが増え続けることだろう。今後は中山間離島地域だけでなく、郊外住宅地などでも買い物に出かけにくい高齢者が増えるはずだ。中山間離島地域から発想したアイデアは徐々に都市部にも適応されることになる。

クロネコヤマトはすでに「美味紀行」と称して、中山間離島地域で季節ごとに採れる野菜や果物、魚などを都市部に送る「お取り寄せ」事業も展開している。

民間企業の公共的役割

中山間離島地域の高齢者に買い物の話を聞くのは面白い。もう20年も集落の外に出たことがないという高齢者もいる。こうした人たちが愛用しているのは大丸百貨店の通信販売だ。季節ごとに大丸百貨店からカタログが送られてくるので、自分が気に入った商品を選んで電話で注文する。数日後には確実に商品が届くという。

注文がなかった月は、大丸百貨店から電話がかかってくるそうだ。「お元気ですか？　今月のカタログはお気に召しませんでしたか?」という電話である。高齢者は、こうした電話でついつい長話をしてしまうようだ。もっとこんな商品を載せて欲しいとか、最近は腰が痛くなってきたとか、息子夫婦が久しぶりに訪ねてくれたとか。大丸百貨店は、商売をしつつも高齢者の安否確認もしているわけだ。行政や社会福祉協議会も取り組んでいるのだろうが、大丸百貨店もまた福祉的な役割を担っているといえよう。高齢者たちは毎月のように電話で話をしたり買い物したりしているのだが、大丸百貨店というのがどういうお店なのかはよく知らないという。

モスバーガーが店舗によっては、離島への配達サービスをしているということも知らなかった。合計1万円以上の注文をすれば、モスバーガーの店員が船に乗ってハンバーガーを届けてくれる。だから、ある離島では仲間を10人集めて「モスバーガーの日」をつくっているそうだ。みんなで食べたいものを選んで注文すれば届けてくれる。これもまた、楽しいモスバーガーの食べ方だろう。

個人商店の取り組み

大手チェーン店だけではない。中山間離島地域の個人商店もまた、独自のサービスを発明していることが多い。島根県海士町の理髪店「マトジ」はユニークなサービスをたくさん用意している。店名は店主の苗字だ。マトジさんは、半漁半床屋とでもいおうか、午前中は漁師であり、午後から床屋をやっている。もし午前中に髪の毛を切ってもらいたければ予約が必要だ。午前中の仕事が大漁だと、午後の仕事は機嫌がいい。お客さんとの雑談にも花が咲く。話が盛り上がると、髪の毛を切った後に奥の自宅へ招待して鯛しゃぶなどをご馳走してくれる。さすがは漁師だ。

マトジはいま、開店30周年記念サービスを展開中。この7年間、ずっと30周年記念サービスを続けているという。サービスが人気でやめられなくなったそうだ。もうすぐ40周年になるから、新たなサービスを考えねばならないらしい。

サービスの内容も独特だ。たとえば「家族割」。まるでケータイ電話の契約みたいである。これは出前理髪サービスで、床屋まで来ることが困難な高齢者の家まで行ってカットするというもの。一人ではなく、家族みんなの髪の毛を切らしてくれるのであれば「家族割」が適用され、一人あたりの金額が若干安くなる。

人口が少ない地域の床屋は働き方にさまざまな工夫がみられる。ユニークなサービスが多いマトジは、高齢者だけでなく若い人にも人気だ。地域になくてはならない床屋になっているといえよう。ひとつだけ問題があるとすれば、男性はどんな髪型をお願いしても、なんとなく角刈りっぽくなることだ。

5. 集落診断士と復興支援員

なぜ里地里山が大切なのか

2006年から5年間、兵庫県の研究所で中山間離島地域に関する研究に携わった。兵庫県庁が必要とする政策を提言する役割を持つ研究所で、僕の担当は県の北部に位置する中山間地域における集落のマネジメントをどうするのか考える、というものだった。

中山間地域の集落について研究するにあたって、なぜその地域が大切なのかを調べてみた。その結果、里山や里地の環境が重要な理由は多様だということがわかった。まずは洪水を防ぐ役割を持っているという点である。山が健康なら降った水を地中に保つ保水機能がある。一気に下流域へと水を流さず、いったん水を地中に貯めて、少しずつ下流域へ流していくため、鉄砲水のように雨が降って急に都市部が洪水になるようなことが起きない。これに関連して、地中に貯めた水がきれいに濾過《ろか》されて、湧き水として地表に現れるという水源涵養の役割も持っている。さらに、降った雨に土砂が流されて流出しないよう、樹木や下草などで地表を覆うという役割も持っている。もし樹木や下草がなければ、雨が降るたびに地表面の土壌は流出して木々が育たない山になってしまうと同時に、下流域の河川は河床が徐々に上昇してしまい、洪水を起こしやすくなってしまう。

さらに、森は酸素を供給し、二酸化炭素を吸収してくれる。大気中の細かい粉塵を樹木の葉が捉えて、雨が降るとそれを洗い流して大地へと還元してくれる。こうした大気の浄化機能も持っている。レクリエーションや環境学習の場になることはもちろん、食料自給率を維持するためにも中山間地域の環境は大切な役割を担っている。当然、生物多様性の担保にとっても大切な環境である。さらに、里地までサルやシカやイノシシが降りてこないように、食料を供給する役割も担っている。昨今、森が荒れてきて食べ物がなくなってしまったので、山の動物が里まで降りてきて獣害が発生している。そのほか、都市に住む人のふるさとであることや、美しい風景を形成していることなども、中山間地域が持つ価値であり、ある種の役割でもあるだろう。

ところが、こうした多様な価値や役割を持つ中山間地域がいま、急激に衰えている。若い人が都市部に集中し、農村人口が減り、後継者もおらず、消滅する集落も増えている。空き家や空き地が増えるだけでなく、耕作されていない田畑や管理されていない森林が増えている。獣害も増えるし、祭りなどが成立しなくなっている。監視の目がなくなり、不法投棄などが増えている中山間地域もある。こうした地域に対して、兵庫県はどんな施策を講じればいいのか。それを提言するのが僕の役割だった。

集落診断士という提案

各地の事例や専門家の話やデータを集めて3年間研究した結果、2008年に提言したことは、中山間地域を専門に研究するセンターを集落の空き家等を活用して設立し、そこに集落を支援する専門家を常駐させよう、というものだった。集落を支援する専門家のことを、ここでは仮に「集落診断士」と名づけた。中小企業診断士を参考にした名称だ。中小企業診断士は、そもそも銀行が中小企業に融資する際、その企業が優良な事業を展開しているかどうかを診断する職能だったという。ところが、そんな診断ができるなら中小企業の経営アドバイスをして欲しいという話になり、徐々に中小企業の経営相談を生業とするようになったそうだ。さらにいまでは、複数の中小企業が地域単位でどんな戦略をとるべきなのか、まちづくりの相談にも乗っているという。集落診断士も同様に、集落の健康度合いを診断し、運営を改善すべき点を明確にし、集落の将来ビジョンを住民と共有して、健全な集落運営を目指して活動することを目的とする。そんな仕組みを提言した。

具体的には、まず兵庫県の中山間地域における集落の健康状態をおおまかに把握するため、集落ごとのレーダーチャートをつくることから始めることにした。レーダーチャートの左半分に「集落の人口」「高齢化率」「病院までの道路距離」「集落内の高低差」「積雪量」などの客観的な数値を配置し、右半分には「集落の環境管理はうまくいってますか？」「景観や文化は守れていますか？」「安全安心は担保できていますか？」「仕事はありますか？」など集落の人たちに答えてもらったアンケート結果を数値化して配置した。つまり、左半分はデータ等から把握した客観的なデータであり、右半分は集落の人たちから聞いた主観的なデータである。これによって各集落のおおまかな傾向が把握できる。つまり、左側に寄ったレーダーチャートの場合、「客観的には恵まれているのに本人たちはもうダメだと思っている集落」だということがわかるし、右側に寄ったレーダーチャートなら「客観的には厳しい集落のはずなのに本人たちはまだまだやる気がある集落」だということがわかる。当然、左も右も大きくて健全な集落もあれば、両方とも小さくて今後は集落を閉じることも検討しなければならないかもしれない集落もある。

ただし、重要なのはこうしたデータだけで集落の将来を判断するのではないということである。まずは3000以上ある兵庫県の中山間地の集落をおおまかにタイプ分けし、集落診断士が集落に入って相談に乗ったほうがいい集落を特定する。その後、集落ごとの事情を丁寧に聞き出し、住民の方々と集落の将来について語り合う。その結果、本人たちが集落を活

図3-1 兵庫県の集落のレーダーチャート

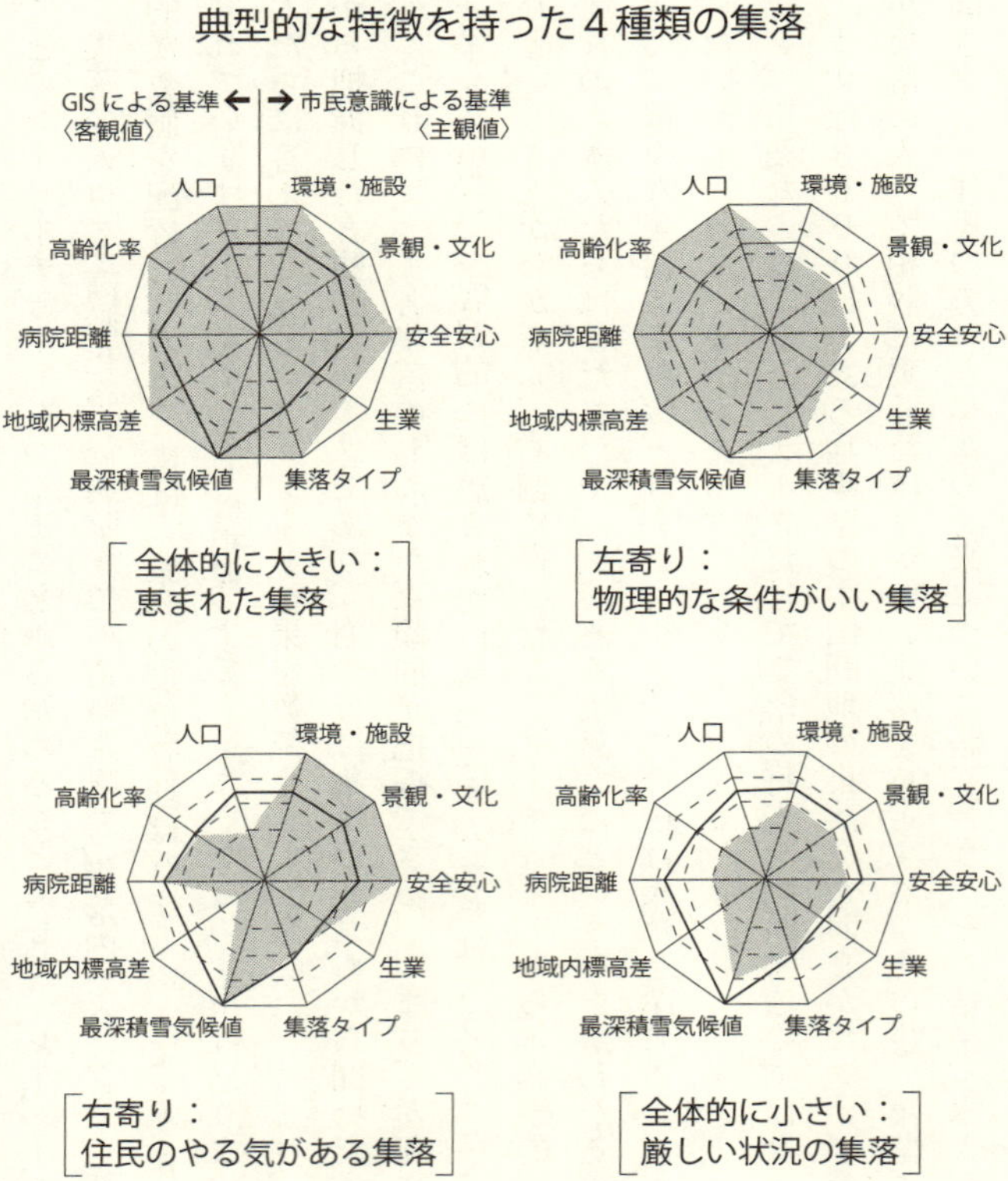

［全体的に大きい：恵まれた集落］

［左寄り：物理的な条件がいい集落］

［右寄り：住民のやる気がある集落］

［全体的に小さい：厳しい状況の集落］

性化したいといえばその方策を考え、閉じたほうがいいといえば移転について考える。こうした判断は、最終的にその集落に住む人たち自身が下さねばならないため、話し合いの方法をうまくデザインしなければ合意を形成するのは難しい。集落診断士には、コミュニティデザインの方法を学んでもらわねばならないだろう、と提言した。

兵庫県への提言を海士町で実践

提言を受けた兵庫県はさっそく中山間地域に関する委員会を設置した。僕も提言者としてその末席に加えてもらったのだが、この委員会は1年間で終わり、その後は音沙汰がなくなってしまった。僕はすぐにでも集落診断士のプロジェクトを立ち上げたかったのだが、兵庫県がどう動くのかを待ってからでないと申し訳ないと思い、2年間待った。そのまま動きがないことを確認し、兵庫県に頼まれて研究した内容だったので若干申し訳ないと思いつつ、このアイデアを島根県の海士町へと持ち込んだ。2010年のことである。

2007年に総合振興計画をつくる手伝いをしたことから関わっている海士町では、計画策定した4つのチームがそれぞれの活動を実践し始めているところだった。計画策定のときのメンバーが友達を誘ったり新しいメンバーを増やしたりしたため、当初80名から始まった計画策定メンバーは、その後の活動を続けることによって合計300人くらいの人たちが関わることになっていた。海士町の人口は約2300人であり、そのうち300人がまちづくりに関わっているということで、まちづくりに関わる人の割合が高いといわれることが多くなった。人口の1割以上が何らかの形でまちづくりに関わっているというのだから、確かに活動が活発な離島だといえよう。ただし、そうなると気になるのは残りの2000人である。この人たちは、いまだまちづくりの活動に参加していないばかりか、ここ数年は自分が住んでいる集落から外へ出たことがないという人までいる。海士町内の14集落のなかには、限界的な集落もいくつかある。主体的な活動を展開する300人については、僕たちが関わらずともそれぞれの実践を繰り返すだろうから、僕たちは集落ごとのケアを実施したいと考えていたところだった。

そこで、兵庫県に提案した集落診断の方法を海士町へ持ち込み、集落支援を実践することにした。まず、14地区の集落に対してひとつずつレーダーチャートを作成した。レーダーチャートの項目は海士町バージョンに変えるため、左側の客観値は、「集落の人口」「高齢化率」「病院までの道路距離」「学校までの道路距離」「子どもの数」「町営住宅の数」とした。右側の主観値は「住民生活」「地域文化」「災害対応」「自然環境」「産業基盤」「生活基盤」の6項目について聞くことにした(図3-1、3-2)。こうして集めた14集落の現状からそれぞれの特徴を把握し、集落ごとに話を聞きに行って今後の方策について話し合うことにし

図3-2　集落診断の流れ

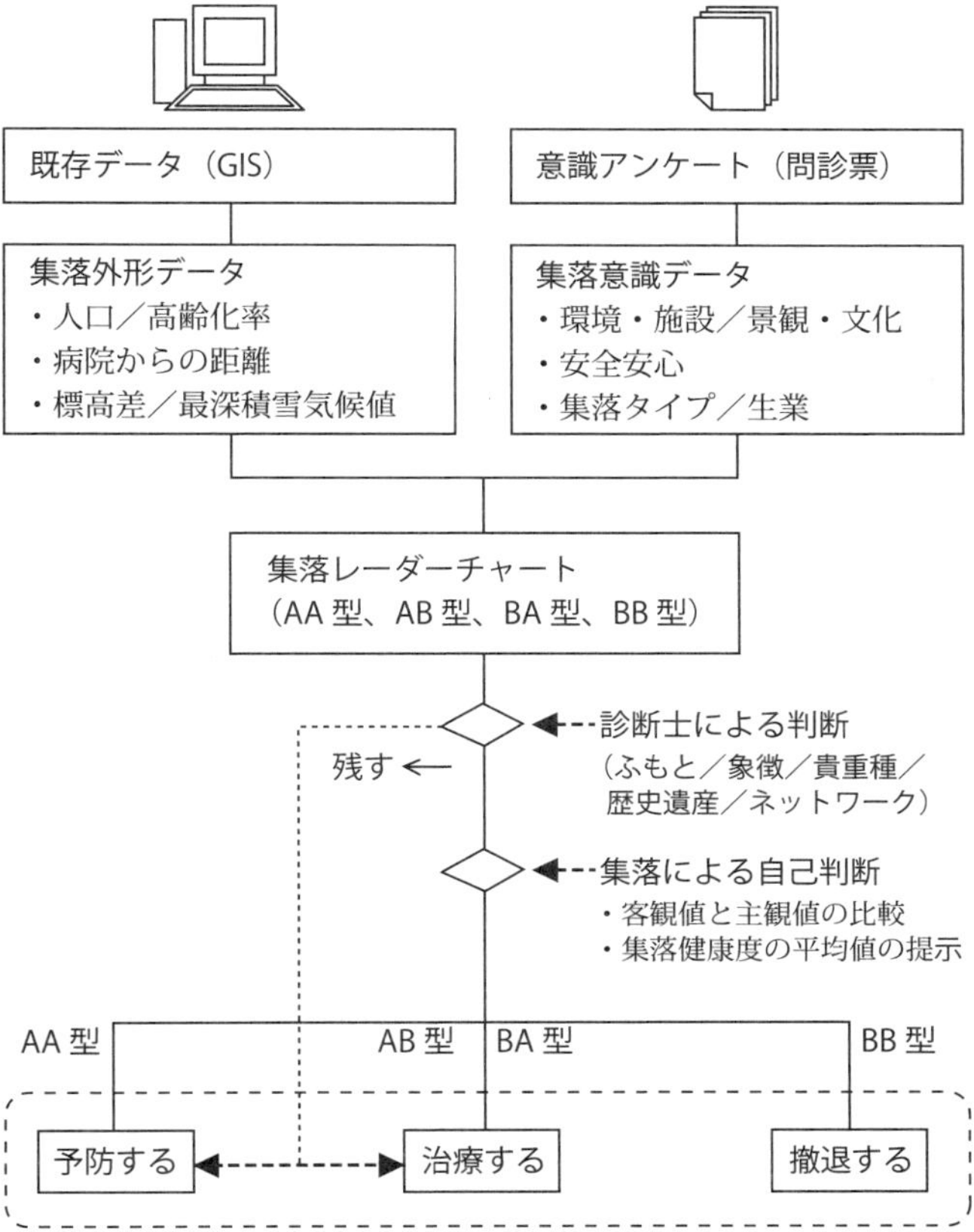

・（左）集落の物理データから「集落外形データ」を把握する
・（右）アンケート調査から「集落意識データ」を把握する
・上記２種類のデータよりレーダーチャートを作成する
・レーダーチャートを使って集落の健康状態を把握
・集落の「予防」「治療」「撤退」について検討する

出典：公益財団法人ひょうご震災記念21世紀研究機構
『多自然居住地域における安全安心の実現方策研究報告書』

た。

集落支援員の研修と実践

当初、集落支援は studio-L のスタッフが一人で行っていたが、14集落を細かくケアしようとすると一人では難しいことがわかってきた。そこで、総務省の集落支援員制度を活用し、海士町役場に6名の集落支援員を採用することにした。海士町内外から応募した集落支援員たち6人とスタジオのスタッフ一人の合計7人は、一人2集落ずつケアすることで14集落すべてを回ることにした。

ただし、新しく応募してきた集落支援員はこれまでこの種の仕事をしたことがない。そこで、1週間のコミュニティデザインに関する研修を実施することにした。人口減少社会が到来していること、海士町の高齢化は全国に先駆けていること、海士町の集落支援員は人口減少先進地で活躍できる稀有な機会を得ているということなどを理解してもらったうえで、写真の撮り方、動画の編集方法、話の引き出し方、文章の書き方、企画の立て方などを伝えた。この研修には役場の若手職員30人も参加し、集落支援員と役場の職員との結びつきを強固にした。集落支援員が集落で課題を発見して戻ってきても、相談すべき課に知り合いがいなければプロジェクトが動き出さないことが多い。まずは各課の若手職員とつながり、必要に応

集落支援員が集落を回り、住民からじっくり話を聴く

じてすぐに相談できる体制をつくっておくことが重要なのである。

役場内部とのネットワークをつくった集落支援員たちは、14集落を回って住民の方々の話を聞き出した。杖を突かずに歩ける人が２人しかいない集落もある。そういう集落では、みんなで道端に座って話を聞いたりする。お墓を整理して集落から出た人もいる。空き家になった家に将来帰ってくる可能性はあるかどうかを聞いて回る。こうして集めた情報をもとに集落の将来を予測する図面などをつくると、10年後、20年後、30年後には、どの家が空き家になるのかがよくわかった。30年後には人が住んでいる家が１世帯しかなくなる集落もあった。こうした集落では、こうしたデータが今後30年間何をすべきなのかを考えるきっかけになった。最後の

1世帯がいなくなったら集落を閉じるべきか、あるいはそうなる前に移住者を受け容れるべく集落内部で空き家のマネジメントを開始すべきか。集落支援員が結論を出すのではなく、必要な情報を提供しつつ、集落の居住者たちが話し合う基礎をつくるというのが基本的な態度である。

集落支援員の自立

集落を回ると、思わぬ副産物を見つけることがある。たとえば古い物。高齢者だけが住む家の2階の部屋や納屋、倉庫、蔵などに、ここ20年くらい手をつけたことのない雑貨などがたくさん保管されていることがある。集落支援員が持ち主と仲良くなると、そうした雑貨を持って帰ってもいいと言われることがある。あるいは、部屋を掃除して古い物を処分して欲しいと頼まれることもある。それらの雑貨のなかには、特にお宝というわけではないが、30年前のコップとか茶碗などがあって、それらがいまの若い人たちにとってはレトロでかわいいと感じるものばかりなのである。

そこで集落支援員は、集落から持ち帰った古い雑貨などを洗い、レイアウトしなおし、おしゃれな雑貨屋を始めることにした。海士町の清掃業者を訪ねて廃棄される物を見せてもらうと、そこにもかわいい家具や雑貨が山ほどあった。空き家が解体されることになると集落支援員に連絡が入るようになり、家のなかの雑貨などを一通り持ち帰ることが許されるようにもなった。解体する側としても、家のなかに残る物品を処分するだけで解体費用の３分の１をかけていたとのことなので、集落支援員が一通り物品を持ち帰ってくれることはありがたいとのことだった。

集落支援員たちは、こうして持ち帰った家具や雑貨などをきれいに洗い、修理すべきところは修理して、雑貨屋として活用している保育園跡地に展示している。研修と称して家具の修理方法をプロから学んだり、各地のおしゃれな雑貨屋を視察しに行ったりしている。７人とも古物商の免許も取得した。２０１１年からは試験的に保育園跡地で雑貨屋をオープンさせた。

思いのほか、多くの人が訪れているようだ。売り上げも上々。仕入れ値が無料なので、売り上げがそのまま収入となる。１ヶ月で20万円くらいの利益が出たので、これで集落支援員は何人生活していけるかを考えているところだ。集落支援員制度がなくなったとしても、引き続き集落を支援できるように、集落支援員たちは起業の準備をしている。海士町はＩターンで島に訪れる若い人が多い。この人たちが生活に足りないものに気づくと集落支援員の店へ来て買い物をしていくという。いまのところ、島のなかで手に入れた雑貨を島の外へ売ることはしていない。が、いずれはいくつかの商品に限定して、インターネットを介した島外への販売も検討するかもしれない。

集落支援のために集落を回り、居住者と話をし、集落の運営計画をつくるとともに、居住者の家や倉庫を掃除し、そこで手に入った物を販売して集落支援を続ける。集落支援員が知らない間に解体される家もあるという。そういうことがないように、掃除して欲しいという家や解体される家の情報が入れば、すぐに支援員が駆けつけるという体制を構築しているところだ。

古い物が集まってくる保育園跡地には「集プロジェクト」という看板が掲げられている。「集」落支援員が物を「集」めて人を「集」める、というプロジェクトなんだとか。集落に住む人がいらなくなった物を提供し、集落支援員がそれを販売しながら集落を支援する。集落を支援して回れば回るほど、いらない物や解体される家の情報が手に入る。こうした関係が成り立てば、独立して集落支援が続けられる仕組みができあがるだろう。彼らの今後の活躍に期待したい。

復興支援員の育成

こうした活躍を見るにつけ、東日本大震災の復興プロセスにも同様の支援員が必要ではないかと感じる。２００４年10月23日の新潟県中越地震の復興期に活躍した復興支援員のような仕組みである。震災復興のプロセスでは、きめ細やかな話し合いが不可欠になるだろう。被災した地区の住民とともに将来のビジョンを語り合い、具体的なまちのあり方を検討する。個人個人の生活に寄り添った話し合いがなければ、復興計画が20世紀型のニュータウン開発のようなものになりかねない。専門家が決めた最適な計画に基づいて道路や施設がつくられていく。生活者は与えられたまちに住まうだけ。そうならないように、復興計画を住民参加でつくることが大切だろう。そこには話し合いの場をデザインするコミュニティデザイナーが必要になる。

海士町の集落支援員たちの研修を担当してみて感じたことは、話の引き出し方や対話の場のつくり方、意見集約の方法、主体的な活動を生む方法など、コミュニティデザインで実践していることを一通り学んでから地域に入ることがとても重要だということだ。全国の集落支援員のなかには、自治会長や役所のＯＢが集落支援員になっているものもあると聞く。こうした人たちは、それまでにやってきたことと変わらない役割しか果たしていないことが多いようだ。となれば当然集落の状況も変わらない。

もし復興支援員という制度をつくるのであれば、最初の研修がとても大切になるだろう。そして、集落に入ってさまざまな話し合いに参加するなかで、悩んだことや困ったことがあれば戻ってきて相談できる場所が必要だろう。そういうベースキャンプがあれば、復興支援員は集落ごとに丁寧なヒアリングやワークショップを重ね、将来のビジョンに関する合意を形成したり、新たな事業を生み出したりすることができるはずだ。

たとえば、被災した集落が1000あるとする。一人の復興支援員がふたつの集落のコミュニティデザインに関わるとすれば、必要とされる復興支援員は500人だ。集落の空き家などを安く借り受けて生活するとして、年収200万円くらいで復興支援員をやりたいという若者はたくさんいるだろう。僕の周りの学生に聞いてみただけでも「やりたい」という反応が極めて多い。となると、年間の予算は10億円。500人の復興支援員が研修を受けて、実際に2集落ずつ回って話を聞き、ベースキャンプに戻ってきて相談しつつ、現場で鍛えられる。

5年間、集落の復興計画とその実施をサポートする実務を経験した支援員たちは、東北から日本全国へと散らばり、限界的な集落を支援する専門家になるだろう。5年で東北の集落復興を支援するとともに、日本全国の集落を支援する専門家を育てることにもなるのである。その予算は毎年10億円。2011年度補正予算と2012年度予算に盛り込まれた復興費が総額約18兆円という話を聞いた。その大半がハード整備に使われるのだろうが、0・01%でも復興支援員の予算として使うことができれば、東北の集落の復興を支援し、日本の集落の生活を支援するようなコミュニティデザイナーを500人生み出すことができる。

復興予算の「ニューディール」を

1929年に始まった世界恐慌に対応するため、1933年にアメリカはニューディール政策を執った。ダムづくりなどのハード整備が有名なニューディール政策だが、実は同時に若い人材をたくさん育てていた。市民保全部隊（CCC）と呼ばれた若者たちは、公共事業や森林の伐採、国立公園の維持管理などの仕事をしていた。その際、最初は合宿などで研修を行い、徐々に現地へ行って作業をすることになっており、10年間で300万人以上の若者が市民保全部隊として活躍した。その後、市民保全部隊に参加した人たちは地域に住み着いたり、国立公園のレンジャーとして活躍したりしている。

現在、アメリカの国立公園では約2万人のレンジャーが働いており、来訪者への案内や広報活動や資源管理などに従事している。一方、日本の国立公園で働くレンジャーは約240人。ハード整備は進めてきたものの、ソフトウエアやヒューマンウエアに対する予算をあまりにつけてこなかった国の現状を表しているといえよう。東日本大震災の復興もまた、予算はこれまでと同じように配られるのだろうか。ぜひ、新しい配り方（ニューディール）を発明したいところである。

復興支援員を5年間経験した若者のなかから、引き続き日本の集落を支援するコミュニティデザイナーとして活躍する人が生まれ、将来的には前述したクリッシーフィールドにおけるブライアン・オニール氏のような人が登場することを期待する。彼がもともと国立公園のレンジャーだったことを考えると、震災復興における予算の「ニューディール」を強く願うところである。

そのためにコミュニティデザインから貢献できることがあればいつでも馳せ参じるつもりだ。

第4章

コミュニティデザインの方法

1. コミュニティデザインの進め方

ふたつの変数

『コミュニティデザイン』を書いたあと、よく依頼されるのが「コミュニティデザインの教科書を書いてください」というものだった。気持ちはわかるが、それはちと難しい。コミュニティデザインはふたつの変数が絡む作業だからだ。

ひとつはコミュニティデザイナー側の変数。キャラクターが違うとやり方も変わる。僕のやり方は、studio-Lのスタッフのやり方と違っていて当たり前だ。年齢、性別、外見、性格によってやり方が違うはずだ。若手スタッフは何度か僕のやり方を見た後、自分でワークショップのファシリテーションを任されることになる。そうすると、たいがいは僕と同じようなやり方をすることになる。ところがどうもキャラが違うので違和感がある。参加している人にもそれが伝わる。「この人、なんか無理しているな」と気づかれる。するとワークショップがぎこちなくなる。意見の出方がおかしくなる。自分が相手からどう見られているのかを意識しながら自分のしゃべり方や身振りを決めなければならない。それを「僕のやり方」として教科書化するのは危険だ。教科書を読んで、そのままやれば、それは必ずぎこちなくなる。

もうひとつの変数は参加者だ。ワークショップの参加者は毎回違う。違う参加者ごとにやり方を少しずつ変えなければならない。都市部で行う場合と農村部で行う場合は違う。農村と漁村でもまた違う。若い人が多い場合と高齢者が多い場合でもしゃべり方を変えねばならないし、ワークショップのプログラム自体も変えねばならない。集まった人数によっても、テーマによっても、男女比によっても、プログラムの内容を変えねばならない。だから僕たちはワークショップ当日までほとんどプログラムの打合せをしない。おおまかには決めておくのだが、詳細は当日決める。参加者の顔ぶれや人数や年齢層や興味の内容によってやり方を変えたいと思うからだ。そのためには、常に何通りものアイスブレイク（話し合いなどの冒頭に参加者同士の抵抗感をなくすための雰囲気づくり）やワークショップの方法を頭の中に入れておかねばならない。「今日はこういう人が多いからアイスブレイクはネームトス（ボールを使って参加者の名前を覚えるゲーム）から行こう。身軽な人が多いからワーク部分はワールドカフェで進めよう」とか、「今日は3回目だからビジョンを共有するためのバックキャスティング（目標を定めて将来を予測すること）でアクションプランについて話し合おう」など、その場でアイスブレイクやワークの内容を決めたり変えたりすることが多い。行政の担当者にしてみれば、早めに内容を知りたいので数週間前から「ワークショップのプログラムを教えてくれませんか？」ということになる。もちろん僕らはそのときは「こういう内容で進めようと思います」と伝える。が、当日、会場の雰囲気を見て、その順番を変えたり、ファシリテーターを減らしたり、ワークの内容を変更したりする。

ちなみに、これは講演会などで呼ばれた場合も同様だ。前日までに講演内容のレジュメを送ってください、といわれることが多いのだが、送れば逆に迷惑をかけることになりそうなのでほとんど送らない。当日、会場に到着するまで何を話すか考えているし、到着してから会場の雰囲気や来場者の顔つきを見てから話す内容を変えることがある。事前に資料を配って、逆にそのとおりじゃなかった場合に迷惑をかける人が出てきてしまう可能性が高い。だから、常に何通りかのコンテンツを用意しておき、来場者が聞きたそうな内容を話すように務めている。ワークショップのときと同じ感覚なのである。

コミュニティデザインの4段階

以上のように、ワークショップのファシリテーションを教科書化するのは難しい。世の中にはファシリテーションに関する教科書的な本が出版されているようだが、実はこの種の本を読んだことはない。きっといいことが書いてあると思うのだが、それを読んで僕なりのやり方ができなくなると、少しぎこちなくなるような気がするからだ。ただし、アイスブレイクなどの方法についてはいくつかの本を読んだことがある。年配の方が喜びそうなアイスブレイク、若い人が喜びそうなアイスブレイクなどを見つけては、何度かワークショップの最初に試してみる。自分のキャラでやっておかしくなさそうなものを選んでいるつもりだが、うまくいく場合とうまくいかない場合がある。何度も試す中で、自分にあった方法を手に入れるしかなさそうだ。

だからうちの事務所でも、スタッフの育成は実地研修である。先輩のファシリテーションを見つつ、自分だったらどんなやり方をするか想像しながら手伝う。実際に、自分がテーブルファシリテーターを担当することになったら、自分に合ったやり方を模索するために、何通りかの方法を試しながら参加者の反応をうかがう。そうやって、自分が相手にどう見られているのかを把握しつつ、自分なりのファシリテーションを見つけていくことになる。

それなら、コミュニティデザインの方法に定式はまったくないのか、ということになるのだが、まったくないわけではない。いくつかのパターンのようなものはある。そのパターンを軸にしながら、「今回はこれを少し変形させよう」とか「今回はこの順序を逆にしよう」と考えながら戦略を練っている。ここでは、その基本形を示してみることにする。大きく分ければ4段階の作業をしていることが多い。第1段階は「ヒアリング」、第2段階は「ワークショップ」、第3段階は「チームビルディング」、第4段階は「活動支援」である。

第1段階：ヒアリング

最初の段階で実施するのはヒアリングである。インタビューといってもいい。既存のコミュニティを把握する意味でも、すでに地域で活動している人の話を聴きに行くことは大切だと考えている。自治会や商店街や商工会など、すでにできあがっている地縁型コミュニティの代表者に話を聴きに行くこともあるし、地域で特殊な活動を展開している企業の話を聴きに行くこともある。NPOやサークルなど、テーマ型コミュニティの話を聴きに行くこともある。

ヒアリングの内容は大きく分けて3点。「どんな活動をしているのか」「その活動で困っていることは何か」「ほかに興味深い活動をしている人がいたら紹介してくれないか」。こうして、さらに他の活動団体を紹介してもらい、数珠繋ぎで地域の人脈を辿る。ヒアリングを重ねると、多くの人が共通して「あの人は面白い活動をしている」と認めている人が誰なのかが見えてくる。地域の人脈図が頭の中に描けるようになってくるのである。心理学ではこれを「コンステレーション（星座）」というらしい。人間関係の星座を描くということなのだろう。一等星、二等星、三等星がどんな配置で誰と誰が結びついているのか。誰と誰は一緒になると喧嘩するのか。そういうことが見えてくるまでヒアリングを繰り返す。多いときには一日5件くらい約束して地域を回る。

ヒアリング時期には、付随していろいろなことを調べることになる。インプットの時期だといえよう。地域の人口、高齢化率、歴史、特産品、商業、観光資源などを調べる。温泉があれば入りに行くし、美味しい食べ物があれば食べに行く。楽しい調査である。

ただし、調べすぎてインタビュー時に知ったかぶりしすぎるのはよくない。少し知らないくらいのほうが相手の話を引き出せる。「お前、そんなことも知らんのか」といわれて「スイマセン、それなんですか？」と聞き返すくらいのほうが話を引き出しやすいこともある。だから、最低限のことを調べたら、あとは知らないままにしておく。知っているのに「知りませんというと嘘になるし、それはなんとなく相手に伝わる。だから本当に知らないことも大切なのである。

インタビューは、相手から情報を引き出すことだけが目的なのではない。自分がどんなことを考えている人間なのかを相手に知ってもらうことも大切である。自分がこの地域でいいと思った点、可能性があると思う点など、思ったことをどんどん伝えておくことが大切だろう。耳はふたつで口はひとつだという割合を考えれば、相手の話をふたつ聴いたらこちらからひとつ意見を言うくらいが適度だと感じている。

インタビューの最終目的は相手と友達になること。個人的に電話して「ワークショップが始まりますから絶対来てくださいよー」と誘える関係になっておけるかどうか。そこが大切だ。聞いたことをメモするのに必死で相手と会話ができなかった、ということでは、本当にヒアリングしかできていないことになる。話を聴きつつ、こちらが何者なのかを知ってもらうことが重要である。

聴くことの大切さを実感したのは、ただ話を聴いているだけで評価されたことがあったときのことだ。ある高齢者の家にお邪魔して、その人の話をずっと聴き続けたことがある。3時間の間、その人が話すことをずっと聴き、適度に相槌《あいづち》を打ったりしてどんどん話を聴きだした。数週間後にその地域へ行って他の人に話を聴いたところ、その高齢者が「あの山崎とかいう男は優秀なやつだ」といって回っているという。優秀もなにも、僕はただひたすら頷いていただけなのだが、話をずっと聴いているだけで評価されることがあるのもまた地域の事情である。嬉しかったので、うちのスタッフには「優秀に聴くことができるかもまた能力である！」と偉そうに伝えている。

こうして地域の情報を調べ、人の話を聴き、地域の人間関係を把握し、現地を歩いて回るうちに、その地域でどんなことをすればいいのかが少しずつ見えてくる。ひとつに絞れないまでも、いくつかのプロジェクトが頭に浮かんでくる。地域の人たちが困っていること、やりたがっていること、すでにやっていること、実現するために必要な空間、若い人の数などが頭の中で結びついていき、いくつかの仮説的なプロジェクトが思い浮かぶ。そうなるといよいよ次の段階へ進むことができる。つまりワークショップの準備が始まるのである。

第2段階：ワークショップ

仮説的なプロジェクトがいくつか頭のなかに思い浮かんだら、いよいよそれについて話し合う場をデザインする段階になる。ただし、コミュニティデザインが他のデザインと大きく違うところは、自分が思いついたことをそのまま参加者に伝えないという点だ。思い浮かんだ仮説的なプロジェクトは発表しない。それはこちらがやりたいことだし、やれたらいいなと思っていることである。それを住民に知らせて「さあ、やりましょう！」と呼びかけても、「それはあんたたちがやりたいことだろう」という話になる。あるいは「言われたからやろう」という気持ちになる。ヨソモノがやりたがっていることを私たちが手伝う、という構図になる。こうなると気持ちが長続きしないし、そもそも本人たちが盛り上がらない。

これまで専門家というのは地元に住む人よりもその分野については詳しくて、それを住民に教えたり空間をつくってあげたりする人のことを指した。ところが、こうやって解決策を専門家が持ち込むことになると、地元の人はどんどん「お客さん化」する。専門家が持ち込んだ解決策を専門家に実施してもらい、それがうまくいかなくなるとまた専門家に頼る。これはコミュニティデザインとは呼べない。

地元で生活する人たち自身が発案し、それを組み立て、自分たちができる範囲でプロジェクトを立ち上げる。立ち上げたプロジェクトを磨き上げ、さらにできることを増やしていく。仲間も増やしていく。こうしたプロセスこそが大切なのである。

それには時間もかかるし手間もかかる。同じ成果を出すなら専門家にやってもらったほうが早い。しかしその方法は20世紀に何度も繰り返してきたし、それでは乗り越えられないような地域の課題が明確になってきたからこそ僕たちが呼ばれているわけだ。そう思って、時間はかかるけれども生活者とともに解決策を探り、実行することにこだわっている。

以上のことを踏まえてワークショップのプログラムをデザインする。第1段階のヒアリングで仕入れたさまざまな情報から推測して、いったんはラフなプログラムをつくり上げるものの、実際にはワークショップ当日にもプログラムをどんどん変えてしまう。集まったメンバー、性別、年齢等に応じてプログラムを組みかえる。ワークショップの参加者は公募するのが原則だが、個人的に親しくなった人たちには電話したりメールしたりする。すでに友達になった人がワークショップ会場にいてくれることは、こちらとしても心強い。

何人か知り合いがいることがわかっていると、ワークショップが始まる前に「この前はありがとうございました！」「お久しぶりです！」という会話が生まれる。会場の雰囲気がやわらかくなる。だからこそ、第1段階のインタビューで仲良くなっておくことが大切なのである。ワークショップ会場で共通の話題が出てくるくらい話ができたかどうかが重要ですでに顔見知りの人たちばかりの場合は、ワークショップの最初に自己紹介をする必要がない場合もある。むしろ僕たちが何者なのかを伝えるべきだろう。あるいは「実は私は……」というアイスブレイクを使って、お互いの意外な面を知り合うようにしたほうがいい場合もある。逆に見ず知らずの人たちが集まっている場合には、少し念入りに自己紹介や他己紹介をして、さらに名前を覚えるためのアイスブレイクを入れたほうがいい。このあたりは、会場の雰囲気を見てから決めることが多い。

また、話し合いのルールを明確にしておくことも重要だ。「人の意見を否定しない」「実現可能性を問わない」「質より量を目指してたくさんアイデアを出す」「話し合い自体を楽しむ」「ひとりで長くしゃべらない」など、気持ちよく話し合いを進めるためのルールをみんなで共有する。場合によっては、この話し合いのルール自体を話し合ってもらって、自分たちで決めたルールなんだからちゃんと守りましょう、という雰囲気をつくることも有効である。

その後はいよいよワークショップの本体である。地域の特徴や課題を整理してみんなで共有したり、取り組んでみたいことなどを挙げてみたり、それらをまとめてビジョンを共有したりする。さらに、取り組んでみたいプロジェクトをどうすれば実現できるかを検討したり、それらをいつから始めるのか話し合ったりする。このときの方法も何種類かあるが、話し合う内容や集まったメンバーによって、ブレーンストーミング、KJ法、ワールドカフェ、マインドマップ（頭のなかで起こっている感想や思いを絵図にして目に見えるようにする方法）、シナリオプランニング、バックキャスティング、プロトタイピング（試案を話し合いながら、練り上げていく手法）など、話し合いの手法を決める。どんな話をまとめるときにはどんな方法が適しているのかは、何度か試してみると徐々にわかるようになる。むしろ、上記のような方法を参考にしながらも、ほとんど毎回、オリジナルな話し合いのツールをつくったり、ルールをつくったりしているような気がする。

　ワークショップが始まる前に、自分が仮説的に考えていたプロジェクトがいくつかあったはずだが、それは最後まで提示しないのだろうか。僕たちは、提示すべき局面があればタイミングを見て提示するようにしている。ワークショップでの話し合いの途中で、まさに僕たちが考えていたことに関連する発言があった場合、無理のないように僕たちの意見も提案するようにしている。参加者が気づいたこと、やりたいと思っていることと、僕たちが考えていた仮説プロジェクトの一部が重なった場合、「こんな考え方もありますよね」とか「こんな方法で進めたらどうでしょう」と自分のアイデアをテーブルに出す。話し合いの内容から距離がありすぎると議論を誘導しているように見えてしまうので注意が必要だが、広がるアイデアをいくつかにまとめる際に、自分が考えていた仮説プロジェクトを修整しながら提示することで、話し合いの内容が一気に次の段階へと進む場合がある。逆にいえば、最初に思いついていたいくつかの仮説プロジェクトは、ワークショップの話し合いを見ながら自分の頭のなかでどんどん修整させていき、時期が来るまでは提示しないことが多い。仮説プロジェクトはいくつも思いつくし、枝分かれしていくので、すべてのプロジェクトを提示することにはならない。そのうちのいくつかが参加者の意見と重なった場合だけ提示することになる。

ちなみに、こうした仮説プロジェクトをどんどん成長させていったり分割させていったりするためには、より多くの事例を知っておくことが重要である。いろんな事例を細かく把握できていると、事例のなかの要素を抜き出してきて、自分の仮説プロジェクトの一部に応用することができる。こうして生まれたプロジェクトを適切なタイミングで参加者に提示することができるかどうかが、僕たちの腕の見せ所なのかもしれない。これがうまく参加者の気持ちを奮い立たせることができれば、「そう、それこそ俺がいいたかったことだ！」とみんながら思う。参加者の多くが「これは俺のアイデアだ」と思えるようなプロジェクトを提示できるかどうか。そのためには、多くの事例を知っておくことと、多くの意見を整理しながら把握すること、そしてタイミングを見逃さずにプロジェクトを提案することが大切である。テーマにもよるが、何度かワークショップを実施して、何種類かの方法で話し合いを進め、プロジェクトの骨子が明確になると、「それはいつから誰が実行するのか」ということが重要になってくる時期がある。そうなったらチームビルディングの段階へと進むべきだろう。

第3段階：チームビルディング

アイデアが出そろった段階で、いよいよ「誰がどのプロジェクトを担当するのか」を決めなければならない。自分たちが出したアイデアを自分たちで実行していくという気運を高め、具体的に何から始めるのかを話し合ってもらうことが重要である。そのために、まずはチームをつくらねばならない。それぞれが興味のあるプロジェクトに参加できるようにある程度は自由に参加プロジェクトを決めてもらえばいい。

しかし、チーム内のバランスもまた重要である。若い人ばかりがそろってしまったり、男性ばかりがそろってしまったりすると、進まないことや進みすぎることなどがある。ほかのチームと競い合ってプロジェクトを進めるためには、ある程度初動期の条件はそろえておいたほうがいい。

したがって、第2段階のワークショップで出そろったプロジェクトをまとめて参加者に示し、自分が取り組みたいプロジェクトを選んでもらいつつ、メンバーを少しずつ調整する必要がある。この方法も毎回少しずつ違っている。話し合いで調整してもらう場合もあるし、そもそも年齢や性別ごとに人数を決めておく場合もある。こうしてできあがったチームごとに、プロジェクトの詳細について話し合ってもらう。

チームメンバーのキャラクターを相互に理解することも大切である。テレビ番組でいえばどんな役割の人たちがそろっているのかを考えてもらい、「主役」「脇役」「姫役」「汚れ役」がそれぞれ誰なのかを話し合ってもらうこともある。「理系」「文系」「体育会系」などで役割を把握してもらうこともある。こうしてメンバーの性格や特徴を知ることで、徐々にリーダーは誰なのか、サブリーダーは誰なのかなどが見えてくる。チームごとに構成員の役割を決めて、本人たちが協力してプロジェクトが進められる体制を構築するのがチームビルディングである。

同時に、メンバーの信頼関係を高めるためゲームを実施することもある。メンバーが受け止めてくれると信じて椅子の上から後ろ向きに倒れるゲームは、実際にメンバー全員が後ろで受け止めてくれるとわかっていてもかなり勇気のいることだ。だからこそ、受け止めてもらったときにはとても盛り上がるし感謝する。大したことではない。椅子の上から後ろに倒れて、それを仲間が受け止めたというだけのことだ。しかしなぜか盛り上がる。メンバーの信頼関係が高まる。不思議なものだ。

あるいは、メンバー内でシークレットフレンドを決めておくこともある。シークレットフレンドとは、隠れてサポートする友達のことである。活動するなかで困ったことがあったり、少し落ち込んだりすることもある。そういうときに、何気なくその人を支える人を決めておくわけだ。メンバー全員が誰か別の人を支えることになっていて、支える相手には誰が自分を支えてくれるのかはわからないよう、くじ引きで相手を決める。シークレットフレンドはプロジェクトがひと段落するところまで秘密にしておいて、プロジェクトの打ち上げ時に誰が誰を支えていたのかを発表する。「やっぱりな。気づいてたよ」という場合もあるし、「どこを支えてくれたの？」とまったく気づかれない場合もある。言われて初めて「そういえば支えてくれたね」と気づくのが一番うまいシークレットフレンドだ。こうした仕掛けは、プロジェクトを進めつつ、伏線として走らせておくことができるチームビルディングである。ワークショップをしながらでも誰かが誰かを支えている。こうした関係性がチームの結束力を高めることになる。

こうして結束力の高いチームが生まれれば、あとは活動を開始するだけだ。

第4段階：活動支援

最終段階は、できあがったチームの活動を支援することになる。特に初動期の活動を支援することが多い。最初は自分たちだけでできないことが多いため、活動のための準備や役割分担などについて相談に乗ったり手助けしたりする。場合によっては、行政などの経済的な支援を受けられるような体制づくりを支援したりもする。まちづくり基金の設立など、チームが活動するための側面支援について検討する場合もある。

あるいは相談会などを設けて、実際にチームが活動する前に何度か相談できるようにすることもある。必要に応じて専門家を呼び、チームが必要とする情報についてレクチャーしてもらうこともある。記録のための写真の撮り方講座や動画の編集講座、チラシのデザイン講座など、チームが活動するために必要なスキルを得る機会を設けることも、初動期の活動を支援する段階に必要なことである。

こうした初動期のサポートは、チームの活動内容を見ながら徐々に減らしていく。自分たちだけで活動できるようになるのが最終目標なので、チームにできることが増えたら僕たちは手伝いを減らす。

コミュニティの活動は、途中で停滞期に入ることが多い。最初は盛り上がって活動するのだが、それを続けることになると参加者が減ったり、内輪もめが起きたりして、活動が前に進まなくなる場合がある。崩壊の危機にある場合は調整のために僕たちが外から入って話し合いの場を設けることもあるが、ほとんどの場合は介在しない。放置しておくと、誰も助けてくれないことを理解したコミュニティ自身が自分たちの力で人間関係を修復し始める。このとき、誰が本当に頼りになる人なのか、リーダーとしてふさわしい人なのかがコミュニティのメンバー全員に理解される。参加人数が減っても毎回参加していた人は誰だったのか。コミュニティのモティベーションを回復させるために工夫した人は誰だったのか。こうした停滞期を経るとコミュニティは一層強固なものになる。このとき初めてコミュニティ内の役割分担が明確になる。コミュニティ内のコンステレーション、つまり人と人との関係性が明確になり、以後の活動が進めやすくなる。

したがって、コミュニティが停滞したからといってすぐに手伝ったりしないほうがいい。本当に崩壊してメンバーが霧散してしまうという手前まで放置しておく覚悟が必要だ。幸いなことに、僕たちが関わったコミュニティで最終的に霧散してしまったというものはいまのところまだない。むしろ、その直前まで行ったコミュニティの、その後の飛躍には目を見張るものがある。

以上、コミュニティデザインの方法について簡単に並べてみた。しかし、冒頭に述べたとおり、実際の現場ではこのとおりの順序で進めることのほうが少ない。ワークショップをスタートさせるのと同時にチームビルディングを進めている場合もある。チームビルディングの途中で活動支援をしている場合もある。基本形はこの4段階だが、それを軸にしながら毎回少しずつ変形させてプロジェクトを進めている、というのが実情である。そりゃ、そうだろう。建築のデザインのように、扱う相手が鉄やコンクリートじゃないんだから。水セメント比で強度が決まるようなデザインではなく、それぞれがひとりずつ違った性格を持った人なのだから、方法論も建築デザインのようにまとめることはできないし、そうすべきでもない。

コミュニティデザインの教科書は当面書けそうにない。

2. ファシリテーションと事例について

話し合いの場を円滑に進める

コミュニティデザインの現場ではファシリテーションが大切になる。ワークショップのファシリテーションといえば、話し合いがうまく進むようにするための司会進行的な役割というほどの意味になる。ただし、単なる司会進行役ではない。発言しやすい雰囲気をつくったり、参加者同士が協力しやすくなるゲームをしたり、発言した本人が気づいていなかったような意見を引き出したりする。

ワークショップに参加してくれる人たちは、普段からまちの将来について考えているわけではない。だから、まちづくりについて考えましょうといっても、何から考えればいいのかわからない。僕たちがファシリテーターとしてやることは、徐々にまちの将来について考えることになるように対話のプロセスをデザインすることだ。

たとえば、まずはまちのいいところと悪いところについて意見を出してもらう。自分が住

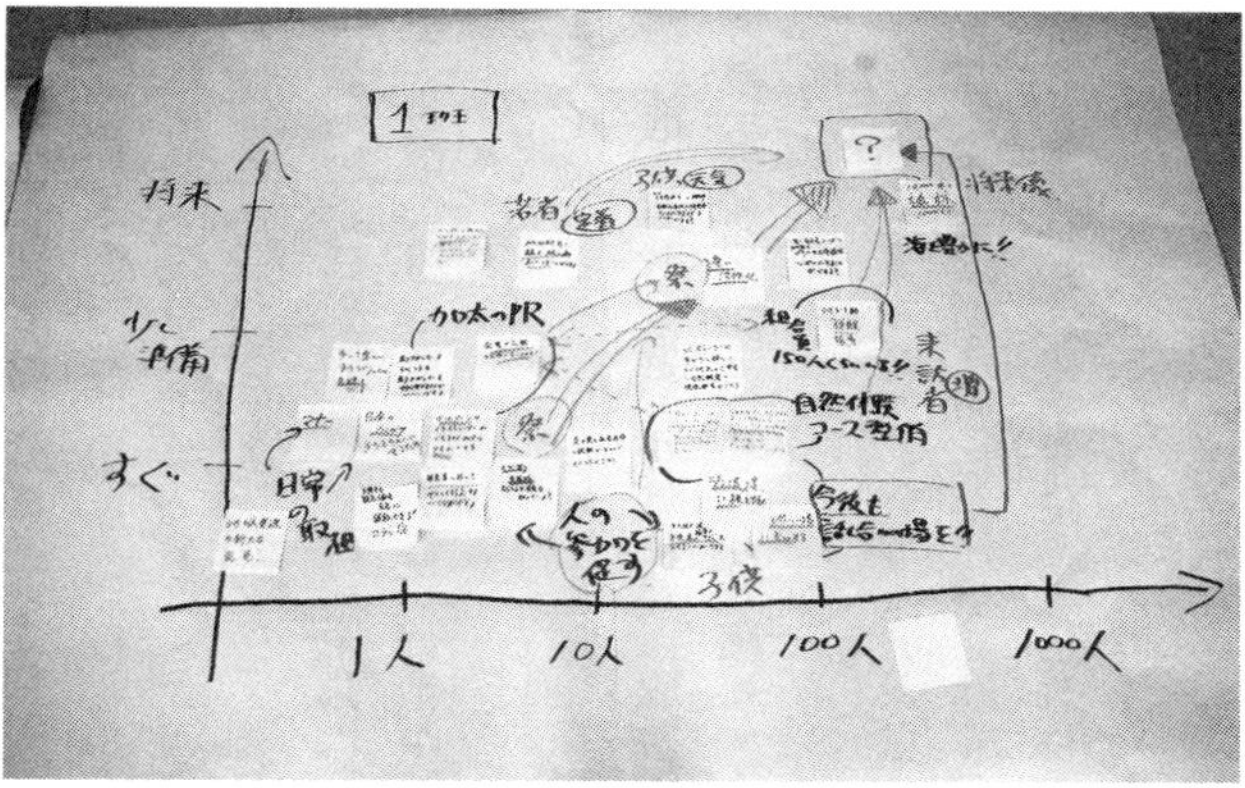

ワークショップで出たアイデアを人数や時間の軸に当てはめて整理する

むまちについて、気に入っている点と気に入らない点を挙げてもらうのである。7人ずつくらいの話しやすい人数で意見を出してもらうと、驚くほど同じ意見が出てくることに気づく。出てきた意見を付箋などに書いてグループ化すると、自分だけが感じていたこととみんなが共通して感じていたことが可視化される。意見のまとまりが目に見えるようになってくると、さらに追加の意見が出やすくなる。「その意見に関連して……」と新しい意見が出るようになる。

こうして見えてきた「このまちのいい点と悪い点」が整理されたら、次に考えることは「いい点を伸ばし、悪い点を克服するようなまちの将来ビジョン」である。どうすれば悪い点を克服しつつ、いい点を活かしたまちをつくることができるか。理想的なまちのビジョンについて意見を出してもらう。これも同じく付箋などに書いてグループ化する。関連する意見を後からどんどん追加していくと、ひとつのアイデアからいくつかのアイデアが分裂して生まれてきたり、複数のアイデアを組み合わせて新しいアイデアが生まれたりする。こうして、そのグループが理想だと思うまちの将来像をいくつかのグループに分けることになる。

さらに、理想的なまちの将来像に向けてどんなことに取り組んだらいいのかを話し合う。すぐにできそうなことから、数年かけてでもやるべきこと、将来的に取り組んでみたいと思うことなど、好きなようにアイデアを出してもらう。出したアイデアを付箋にまとめ、グループ化し、それぞれの意見をいつごろから始めようと思うのかを時系列に整理する。1年以内に取り組むこと、2年目から取り組むこと、3年目から取り組むこと。すぐに実現できそうなアイデアから、じっくり腰をすえて取り組むべきアイデアまで、いろいろなアイデアが登場することになる。

こうしたアイデアが整理できれば、あとはそれを誰と実現するのかを考える。ワークショップの会場に集まった人たちだけでできることであればすぐにでも実行できる。しかし、その場にいない人の力を借りなければならない場合もある。美味しい食事をつくることのできる人が必要かもしれない。ポスターやチラシのデザインができる人がいたほうがいいかもしれない。お金の計算が得意な人、人前でしゃべるのがうまい人、大工仕事が得意な人、文章を書くのが得意な人など、アイデアを実行しようとするとさまざまな役割が必要だということに気づく。足りない役割があれば、知り合いにできる人がいないか話し合う。

アイデアを実行するために必要な役割と、それを担う人の名前が出そろったら、知り合いを通じてその人たちを誘いに行く。プロのデザイナーやセミプロのカメラマンがいる場合もある。建設業をやっているから重機を出すことができるという人もいる。市役所を定年退職したので書類を書くことが得意だという人もいる。こうした人たちに活動の趣旨を説明し、仲間になるよう誘う。若い人もベテランも、女性も男性も、さまざまなプレイヤーがそろうと楽しくなる。こうして徐々にひとつのコミュニティができあがる。

無意識のアイデアを引き出す

以上のようなことを数回のワークショップに分けて進める。その間、クリエイティブな意見を引き出すようなファシリテーションが必要になる。参加者が思っていること、知っているアイデアを引き出すだけではなく、出てきた意見に少しアイデアを組み合わせて、本人が気づかなかったような意見へと変化させて投げ返す。あるいは、言葉にならない想いを代弁してアイデア化する。僕たちがすべきことは、そういうファシリテーションである。

その人がいいたいことは、言葉になっていることだとは限らない。言葉にならないけれども「なんとなくこんなふうになればいいなぁ」と思っていることや、言われて初めて「そう、それがいいたかった！」ということになるようなことも多い。参加者からそういう想いを引き出すことができるかどうかが重要だ。そのためには、ファシリテーションする側にたくさんのアイデアがなければならない。参加者からいくつかの言葉を聴いて、「つまりこういうことですよね？」と言えるだけの豊富なアイデアがなければならない。そのためには、多くの知識が必要になる。

参加者が出した意見をそのまままとめていると、なんとなく会場の雰囲気がトーンダウンしてしまうことがある。自分がいったことがそのままテーブルの上に転がっているだけで、それが何かすごいアイデアに発展する可能性がないと、意見を出し続けるだけで徐々に疲れてしまうのだ。そんなとき、ファシリテーションする側は、出てきた意見にアイデアを組み合わせて発展的な意見に昇華させる必要がある。テーブルに出た言葉を、その人が思いつかなかったアイデアにして投げ返すこと。本人が驚きながらも「そう、そういうことがいいたかったんだよ！」と賛成してくれるような会話をすること。これらを繰り返すと、対話の内容がどんどん創造的なものになる。参加者も、このワークショップに出ると自分がすごいことを発言できているような気がして楽しくなる。次回も来たいと思う。そういう雰囲気をつくり出すことは大切である。そうでなければ、まちづくりのワークショップというのはどんどん参加者が減ってしまう。むしろ楽しい場だと感じてもらって、徐々に参加者が増えるようなワークショップにしたい。

アイデアを付箋に書いてもらって、それをグルーピングして、それぞれにタイトルをつける。そこで終わってしまうと、アイデアが昇華されない。付箋に書くアイデアがどんどん楽しくなるような対話が必要であり、言葉にならない想いを言葉にするような引き出し方が重要である。そのとき、引き出そうとする人の頭の中にたくさんの事例があるかどうかが問われる。多くの事例を組み合わせて、相手の意見に相槌を打ちながら、参加者が出したアイデアを瞬時に昇華させて、その人が言葉にできなかったアイデアとして提示しなおす。こういうファシリテーションを心がけようとすると、引き出す人の頭の引き出しの数が求められる。

参加者の話を聴いているときの僕の頭の中は、ケータイの予測変換のような動き方をしている。参加者の話が進むにつれていろんな事例が頭に浮かぶ。最初の一言で20くらいの事例が思い浮かび、話が進むにつれてその事例がいくつか入れ替わっていく。そして、話が終わるころには5つくらいの事例に絞り込めていて、さらに地域の実情を鑑みて、5つの事例をミックスしてオリジナルなアイデアをつくって言葉にする。「つまり、こういうことですよね？」といったときに、本人が少し驚いた顔をして「そう！　そういうことがいいたかったんだよ！」といえば成功である。

こうしたファシリテーションを繰り返してワークショップを進めると、最終的にできあがったアイデアは参加者のほとんどが「これは私が出したアイデアです」と感じることができるようになる。これが大切なのである。自分が出したアイデアだから自分で実行する。仲間を集めて実現させたいと思う。どこかの専門家が来て「これをやれば成功しますよ」と教えてくれたものではない。そこからスタートさせなければ、うまくいかなかったときに「あの専門家がいったからやったのにダメだったじゃないか」という話になる。

できる限り事例を調べる

こうしたファシリテーションを心がけるためには、日々の勉強がかかせない。たくさんの事例を知り、エッセンスを抽出し、頭の中にアイデアをたくさんストックしておくことが必要だ。楽しいアイデアをひとつ生み出すためには、その10倍以上の事例を知っている必要がある。そのため、うちのスタッフは常に事例を勉強している。事例名、写真、運営主体、事例の内容、変遷、課題などをまとめた事例シートをつくる。事務所には500以上の事例シートがある。こうした事例をたくさん頭に叩き込み、常にそれらをアップデートしていく。だから寝ている暇はない。ずっと勉強し続けなければならない。

事例を調べるとき、僕たちは4段階の方法で情報を深めている。まずはインターネットで関連する事例を調べる。これは広く浅く情報を集める段階だ。プロジェクトに関係しそうな事例は、そのワークショップが始まる前に100程度調べておく。このうち、特に興味深い事例については関連する書籍が出ていないか調べてみる。書籍や雑誌や論文などで詳しい情報が手に入る場合はそれらを購入してさらに調べる。この段階で10事例くらいまで絞り込んでいることが多い。さらに詳しく知りたい抜群の事例に出合ったら、先方に迷惑をかけない程度に電話でヒアリングさせてもらう。この段階で3事例程度だろう。電話で話を聴いて惚れ込んだ事例があったなら、現地まで行ってさらに話を聴かせてもらったり写真を撮らせてもらったりする。こうしてより詳しく、より新しい事例を常に頭のなかに入れたうえでワークショップの会場へ向かう。

主義化するのはマズイが、事例は大切

以上のように、僕たちは事例を大切にしている。「事例主義」とか「前例主義」という言葉が使われるようになって、事例や前例を参考にすることがマズイことのような響きを持つようになったが、依然として事例や前例は大切だと感じている。もちろん、それを第一義にしてしまう「主義化」は弊害もあろうが、事例をどれだけ知っているかによってオリジナルなアイデアが生まれる可能性は変化する。

オリジナルのデザインはたくさんの事例から生まれてくる。無から有を生み出すことはできない。デザイナーは、これまでに何を見て、何を感じてきたのかが大切である。それまでの経験や知っている事例が少なければ、つくり出すものはどうしてもどこかで見たことのあるようなものになってしまう。学生たちの作品を見るとそのことをいつも実感する。もっと知らねばならない。多くの事例を知っていれば、それらを多様に組み合わせて、もとのネタがどんなものだったかわからないくらい混ぜ合わせることができる。そして、その場で求められているデザインへと適合させることができる。

うちの事務所には、プロジェクトごとに書籍を積み重ねたタワーが建つ。プロジェクトを担当することになったスタッフは、関連するタワーの本を一通り読んでおかなければならない。そうでなければ打合せの話題に追いつけない。打合せの会話はひどいものだ。「八戸の噂のときに使っていた黄色いやつ。あんな感じはどう?」など、「あれ」とか「それ」がほとんどだ。事例を熟知したスタッフたちなら、これで話は通じる。こんな会話のなかで、ひとり目が泳いでいるスタッフがいたら勉強不足だ。すぐにバレる。勉強不足が続くとプロジェクトに貢献できなくなる。そうなると徐々にプロジェクトメンバーから外されることになる。

うちの事務所は完全に出来高払いなので、関わったプロジェクトごとに報酬が支払われる。

勉強が足りないスタッフは生活していくのが難しくなる。それなりに厳しい職場なのである。

3. 地域との接し方

事前の勉強

設計を専門にしているころ、調査はとても大切だと教えられた。事前に対象地およびその周辺のことについては調べ尽くしておくように、と何度もいわれた。植生、地形、昆虫、水の流れ方、風向き、日照、気温や湿度、コミュニティ、人口、産業、特産物、名所旧跡、言い伝えなど、ありとあらゆる情報を事前に集め、初回の打合せに臨む。どんな話題になっても「はい、知っています」と答えられるように準備しておかねばならない。そんな気持ちでいろんなことを調べたものだ。

ところがいつのころからか、そこに住んでいるわけでもないのに何でも知っているというほうが不自然な気がしてきた。付け焼刃というのだろうか。直前に勉強したことくらいで「知っています」というのが嘘っぽく感じるようになってきた。また、設計の仕事からコミュニティデザインの仕事に変わっていくと、ヒアリングさせてもらって得る情報がかなりたくさんある。そのとき、あまりに何でも「ええ、知っています」と答えすぎると、「じゃ、何を聞きに来たんだよ」という顔をされることに気づいた。むしろ、ある程度知らずに「へぇ、そうなんですか！」と新鮮な反応が出るほうが好ましいと感じることが多くなってきた。

もちろん、最低限のことは調べておかねばならない。その町の人口や、歴史的に有名な人のエピソードや、有名な特産物など、調べればすぐに出てくることは知っておくべきだろう。しかし、ある程度まで調べたら、そこから先は調べないで現地へ行くということも大切である。そうでなければ、「へぇ、そうなんですか！」の顔が嘘くさくなる。相手は自分の両親と同じくらいの年齢である。中には祖父母と同じくらいのベテランもいる。もう何人も僕たちのような子どもや孫を育ててきた人たちだ。僕たちが本気で驚いているかどうかはすぐに見抜かれる。真剣に取り組んでいるかどうかはすぐに伝わる。

「調べ尽くしてから現地へ行け」というのは、現地の人たちと対話しない仕事に必要な方法だったのかもしれない。住民参加による設計をしないときは、何が何でも自分で調べておかねばならなかった。しかし、住民とともにプロジェクトを進めようと思うときは、その人たちとの対話のなかからさまざまなことを知ればいいのではないか。最近はそんなふうに感じることが多い。

だからこそ、僕たちは徹底的に話を聴く。地域のことも、個人的なことも、人間関係についても、特産品についても、何でも聴く。個人的に自宅までお邪魔して話を聴く場合もあるし、NPO等の事務所で話を聴く場合もある。ワークショップで多くの人の話を一気に聴く場合もある。いずれにしても、地域の情報は地域の人たちから集める。多くの人が話題にすること、特定の人が話題にすることなど、地域の人たちから話を聴けば、話題の比重も理解できる。

なかには間違った情報もある。ところが本人はその情報を信じている場合がある。そのことも含めて了解しておく必要がある。それをこちらから訂正しようと思っても聞き入れてもらえない場合が多いからだ。その人の情報は間違っていることを前提に話し合いを進めていかなければならない。地域の人たちはそういうことも含めてお互いにやりとりしてきたのである。

ヒアリングやインタビュー、ワークショップが終わった後などに、「あれは食べたか?」「これは食べたか?」といろいろ訊かれる。食べていないものがあればすぐに食べに行くことにする。薦められた温泉にはできる限り入りに行く。気がつけば、①話をして、②食べて、③温泉に入って、④移動する、ということを繰り返す生活が続く。コミュニティデザインの仕事はこの4つに集約されるのかもしれない。楽しい仕事だが、体重はどんどん増える。土産もよく薦められる。地元の特産品を買って帰ることも多い。重くて持ち運べなくなるので、移動はいつも大きなキャリーバッグだ。中にはお土産物がたくさん入っていることが多い。ホテルは地元資本を選ぶべきだ。地域の人たちはそれとなくチェックする。「お泊りはどこですか?」と訊かれたり、「明日の朝、迎えに行きます」といわれたりする。そんなとき、全国チェーンのホテルに泊まっていると少しがっかりされる。

地元のホテルに泊まり、地元の特産品を買うこと。東京や大阪ではほとんど意識されなくなったことだが、地方都市では地域で経済が回ることを意識したり、無駄なエネルギーをかけて運んだ食材を食べたりすることに対する違和感が残っている。ことさら地域通貨をつくらなくても、地元の人たちは地域経済を意識しながら生活しているといえよう。

酒とファシリテーション

地域で活動していると、必ず酒の席に招待される。酒に強そうな顔というのがあるのかどうかはわからないが、この坊主にひげ面はどうやら酒がめっぽう強いように見られるらしい。実際にはまったくアルコールを受けつけない。だから、酒の席に呼ばれれば参加するが、その場でウーロン茶を牛飲するばかりだ。

そういうとき、僕はあまりしゃべらないようにしている。ワークショップでしゃべり続け、その後の懇親会でもしゃべり続けるというのはしゃべりすぎだ。じっくり話を聴く時間にしたい。そのなかで、誰がどんな考え方を持っているのか、誰と誰は意見が合うのか、誰が統率力を持っているのか、などを観察している。だから、仮に酒が飲めたとしても酔っている場合じゃない。

懇親会などは、酒とともにタバコがつきものだ。僕はタバコも得意ではない。あの煙のなかにいるのが苦手なのだ。地域の女性たちもその場はあまり好きではないらしい。だから、ワークショップが終わった後に懇親会をやるより、昼間にランチを一緒にするほうが楽しめる場合が多い。酒もタバコもない場所で、コミュニティの人たちから話を聴く。そうすれば、だらだらと長くなることもないし、夜が遅くなる心配もない。だから僕たちが地域の人たちと一緒に食事する場合、なるべくランチをお願いすることにしている。

ワークショップの場で、「あとは飲み会の場で」という話になることが多い。「飲み会が本番だから」という冗談が出ることも多い。しかし、うちのスタッフには酒の席に期待しすぎるな、と伝えてある。飲み会にもたれかかりすぎると、当のワークショップがどんどん空虚になっていく。大事なことは飲み会の席で決めよう、という話になる。ところが、飲み会で話されたことを議事録として残すことはほとんどない。そこで決まったことは、決まったように感じるが決まっていないことばかりである。

九州や離島でコミュニティデザインの仕事をしているというと、「その地域でよく酒も飲まずに仕事ができますね」といわれることが多い。重要なことは酒の席で決まるのに、といわれる。冗談ならそれでいいが、本気だとすればそれはコミュニティデザインの仕事をしているとはいえない。うちのスタッフにもきつく申し伝えている。「酒を飲まないと本音が引き出せない」というのは「ファシリテーターとしての能力が低い」と自ら表明するようなものだ。うちのスタッフに限って、そんな情けない話をしないように、と。

これは酒が飲めない男の負け惜しみではない。断じて負け惜しみではない。

4. 雰囲気について

服装

「え？　Tシャツですか？」という顔をされることがある。市役所の管理職や会社の役員を対象としたセミナーに呼ばれたときは特にそんな顔をされることが多い。スーツ姿で来るものだと思っていたのだろう。そんなときは少し申し訳ない気持ちになる。が、普段からこんな格好なんだからしょうがない。

僕の仕事はほどんどが住民との対話だ。代表的な方法はワークショップだが、その会場にスーツで現れると、参加者の背筋が若干伸びることになる。緊張感が漂う。正式な場のような雰囲気になる。会話が硬くなる。会議のような形式になる。それでは楽しいコミュニティが生まれにくいし、課題解決のためのユニークな発想も出にくい。だから僕はTシャツとジーパンで会場へ行く。アロハシャツと短パンでワークショップをやる。会場の雰囲気をやわらかくしたいからだ。

ところがたまに、セミナーやワークショップの前に市長室へ通されることがある。ラフな格好のままで市長に挨拶して一通り話し終わった後、「市長室にサンダルで入ったのは山崎さんが初めてでしょうな」などといわれると大変申し訳ない気持ちになる。が、その後の市民との対話のことを考えると、やはりラフな格好は止められない。

おやつ

会場の雰囲気をやわらかいものにする。これが大切なことだ。だから、なるべく難しい言葉は使わないようにする。場合によっては「コミュニティデザイン」という言葉も使わない。よくわからない言葉だからだ。「まちづくり」くらいだったら理解してもらえる場合が多いので、「僕は普段、まちづくりの仕事をしています」と自己紹介するようにしている。

もちろん、コミュニティデザインとまちづくりは同じではない。マルヤガーデンズのように百貨店のコミュニティをつくったり、公園のパークマネジメントに取り組んだり、福祉施設の経営方針を考えたり、役所の若手コミュニティをつくったりすることは、まちづくりとは呼べなさそうだからだ。しかし、横文字を組み合わせたコミュニティデザインよりはまちづくりのほうが理解してもらいやすい。時代劇などでも「織田信長は岐阜でまちづくりを進めた」などと使われているくらいだから、まちづくりという言葉は馴染みがあるのだろう。

それならそれでいい。まさか僕が城下町をつくっていると思う人はおるまい。実際、いくつかの地域で僕は「まちづくりデザイナー」と呼ばれている。

ワークショップ会場の雰囲気をやわらげるために、飲み物やおやつを用意することもある。始まった当初のプロジェクトではこちら側でおやつを用意する。甘いものを食べながら話をすると、話がスムーズに進むとともに面白いことを思いつきやすくなるような気がする。特に、話し合いが続いて少し疲れてきたときに甘いものを食べるのは効果的だ。仕事でも同じだろうが、ワークショップの場でも甘いものは有効だ。

参加者におやつを持ってきてもらうこともある。自慢のおやつを持ってきてもらうのである。地域の特産品を持ってくる人もいるし、知り合いのお店で買ってくる人もいる。自分で手づくりのおやつをつくって持ってきてくれる人もいる。7人グループのテーブルで、ほかの人に食べさせたいおやつを持ってきてもらうと、一気に盛り上がる。おやつ自慢だけでアイスブレイクができてしまうほどだ。

東京都墨田区で食育計画を策定した際も、おやつアイスブレイクを取り込んだ。食育だけに、食べ物に対する意識が高い人が多く、かなり楽しく美味しいアイスブレイクになった。なかにはカレーをつくって持ってきてくれた人までいた。もはやおやつの域を超えているといえよう。

それほどたくさん持ってくる必要はない。たとえば7人で1テーブルの場合、参加者は7人分のおやつを持ってくればいいと思うらしい。ところがそれは多すぎる。1人が7人分のおやつを持ってくると、そのテーブルには49人分のおやつが並ぶことになるのだ。当然、7人で49人分のおやつは食べきれない。となると、隣のテーブルに「おすそ分け」が回ることになる。ただし、隣のテーブルもまた49人分のおやつが集まっているため、「お返し」がテーブルに戻ってくる。結局、すべてのテーブルからおすそ分けが回って、食べきれないほどのおやつが集まる。70人のワークショップで「おやつアイスブレイク」をやると、だいたい490人分のおやつが会場に持ち込まれることになる。ワークショップが終わると、僕たちもおすそ分けをもらって帰ることになる。

体型

いろんな地域へ行くと、いろんな食べ物を紹介される。そのつど、食べに行く。ワークショップでもらったおやつもすべて食べる。お土産で買って帰ったものも美味しい。さらには、大阪の事務所にいても全国からいろんなものが送られてくる。ありがたいことだ。「新米が採れたから送ります」「新そばを打ったから送ります」など、送られてきたらそのつどたらふく食べる。何しろ新米である。新そばである。新しいうちに食べねばもったいない。

こうして食べ続けると、当然のごとくどんどん太る。かつての面影はほとんどない。丸い体つきになってしまった。ただ、この体型も悪くないと思っている。もちろん、少し走っただけで息が切れるとか、階段を上るのが厳しくなってきたなどの不都合はある。しかし、コミュニティデザイナーとしてみんなの話を引き出し、まとめ、活動するという立場からすれば、少々愛嬌がある体型のほうが有利だという気がするのだ。

痩せていてスラッとしているのも悪くない。むしろそっちに憧れる。しかし、なんとなくワークショップの進行をする人は少しぽっちゃりしているほうが地域の人たちに受け容れてもらいやすいのではないか、という気がする。気のせいだろうか。

坊主にヒゲ面

「そのヘアスタイルもコミュニティデザインに大切なのですか」と訊かれることがある。それは関係ない。朝から晩まで働いていると、美容室へ行く時間がつくれないというだけだ。夜中の3時ごろにふと思いついて髪の毛を切りたくなる。そんなときしか切ることができないから、バリカンを購入して自分でカットするようになっただけだ。もう10年近く坊主である。

ヒゲは、剃刀に弱いからあまり剃りたくないというだけだ。剃刀負けがひどいので、剃れば顔中が血だらけになる。だから無精だと思いつつ、よほどのことがない限りは剃らない。ヒゲがあると実際の年齢よりも年をとっているように見られるらしい。その意味では、僕のいうことも少しは説得力を増して聞こえているかもしれない。「思ったより若いんですね」といわれることが多いのはヒゲのせいかもしれない。

ただ、コミュニティデザイナーとして坊主にヒゲ面がいいのかどうかはわからない。むしろ、この風貌は初対面の人を緊張させているような気がする。もっとさわやかなほうがいいような気もする。10年続けたスタイルだが、別に何かの主義があって続けたわけじゃない。そろそろ髪の毛を伸ばしてみようかな。

5. 資質について

多様な知性

「コミュニティデザイナーにはどんな資質が求められますか？」と問われることがある。これについては僕もよくわかっていない。ただ、学校などで重視された学力だけではこの仕事に向いているかどうかは判断できなさそうだということはわかってきた。

15年ほど前、『ＥＱ』という本を読んだ。この本のなかにガードナーという人が１９８３年に発表した知性の種類が紹介されていた。ガードナーという人は、いわゆるＩＱで測ることのできる「言語的知性」と「論理数学的知性」だけで人間の知性を測るのは難しいと指摘したそうだ。国語や社会、算数や理科の点数だけで人間の特質を把握することはできないというわけだろう。そりゃそうだ。コミュニティデザインの仕事をしていてもそのことは痛感する。うちの事務所のスタッフにも、これらの点数は高そうだが現場ではあまり活躍できない人が何人かいる。

それでは、ほかにどんな知性があるというのか。ガードナーは、この2種類の知性以外に、建築家などが持つ「空間的知性」、体育やダンスなどで鍛えられる「身体運動的知性」、音楽に代表される「音楽的知性」、人とのコミュニケーションにとって重要な「対人知性」、人の気持ちを分析する「心内知性」の7種類の知性を挙げたという。さらにこの7種類を細分化すると20の能力に分かれるという。たとえばファシリテーターにとって大切な知性のひとつである「対人知性」だと、統率力、交友能力、紛争解決能力、社会的知覚能力の4つに細分化されるそうだ。

もちろん、人間の能力をこの7種類だけで分類することはできない。ガードナー自身も、その後この分類を細分化したり新しいものを加えたりしているという。しかし、これまでいわれてきた「学力」だけで能力が判断できるわけではないという点については大いに共感する。実際にコミュニティデザインの仕事をしていても、国語、算数、理科、社会以外に必要な能力があることを実感する。

『EQ』の著者は、2006年に『SQ』という本を出している。このなかで「社会的知性」という概念を提唱し、「他人の感情を読み取る能力」「人の話をしっかり聴く能力」「相手の意図や思考を理解する能力」「社会のしくみを知る能力」という4つの読み取り能力と、そのうえでどう行動するかという「相手と同調する能力」「自分の意図を効果的に説明する能力」「他者に影響を与える能力」「人々の関心に応じて行動する能力」という4つの能力を示している。まさに、コミュニティデザイナーに求められる能力だといえよう。

モードを変える

『SQ』の「S」はソーシャルを表すそうだ。「社会的」「集合的」という意味だろう。そういえば、僕たちもワークショップの場では気持ちをソーシャルモードに切り替えているような気がする。ファシリテーターとして人前に立つとき、プライベートモードからソーシャルモードに切り替わっている自分を感じることがある。コミュニティデザインの仕事を始めた当初は、人前で話をするのが緊張するので前の日からソーシャルモードに切り替わっていて、やたらとテンションが高い状態が続いたこともある。当然、ワークショップが終わり、その後の打ち上げが終わってホテルに到着するころにはグッタリしていた。最近は少し慣れてきたのか、ワークショップ開始10分前くらいからソーシャルモードに切り替わり、終了したら10分くらいでプライベートモードに戻るようになってきた。これはこれで少し要領がよすぎるのではないかと反省するのだが。

学生時代に1年間オーストラリアで暮らしたことがある。このとき、プライベートモードとソーシャルモードということを実感した。オーストラリアの学生たちは、ワークショップの場になると普段よりテンションが高くなる。明らかに普段とは違う。ソーシャルモードのスイッチが入った状態だ。自己紹介のときからすでに弾けている。しかし、これは半分以上わざと演じている。その場が楽しくなるようにそれぞれが協力しているのである。そんななか、非協力的な人がいると会場の雰囲気が少し冷める。そうならないよう、参加者はそれぞれのやり方で場を楽しくしようと努力する。

自己紹介に続くワークショップの説明でも相槌が激しい。「はーい！」「了解です！」という声が会場の各所から届く。「質問は？」という声に応じてたくさんの手が上がる。質問を通じて有益な情報を引き出そうという効果的な質問が続く。事前の説明がまじめすぎたら、会場に笑いが起こるような質問がどこからか飛び出す。総じて参加者は会場の雰囲気をつくるために貢献する。日本から参加した僕はあたふたするばかりだ。

逆に、海外から来た友達が日本のワークショップを見ると驚く。「質問はありませんか？」と問われても手がひとつも上がらない。慣れている僕たちにしてみれば当たり前なことなのだが、友達の目には「私はこの会場の雰囲気づくりに協力したくありません」という全体の意思表示として映るらしい。驚愕《きょうがく》の静けさである。誰もソーシャルモードに切り替えない。そんなに協力したくないなら、なぜ会場まで足を運んだのか。次々と疑問が浮かぶそうだ。アメリカ、オランダ、オーストラリアの友達が同様の疑問を呈したので、これはきっと欧米と日本（あるいはアジア？）における違いなのだろう。

僕たちにしてみれば、その静けさはいつものことだ。プライベートモードのまま会場に集まった人たちを、どうやってソーシャルモードへと切り替えるか。ワークショップが終わるころにはソーシャルモードになった人たちがお互いに別れを惜しむ状態へとどう持ち込むか。それを考える。いわば日本型のワークショップ方法を開発しなければならないというわけだ。だから、僕は海外から輸入されたワークショップの本をあまり読まない。翻訳されたワークショップの本、ファシリテーションの本、アイスブレイクの本などは、会場に集まった人たちがソーシャルモードになっている状態で使える方法が載っているわけだ。これをそのまま日本のワークショップでやろうとすると、きっと会場の雰囲気はぎこちなくなるだろう。

オーストラリアの友人たちは、子どものころからプライベートモードとソーシャルモードを切り替えてきた。特徴的なのは週末のパーティーである。彼らは本当によくパーティーを開く。あるいは参加する。ほぼ2週間に1回はパーティーに顔を出す。僕も誘われるので顔を出すのだが、パーティー会場では参加者のほとんどがソーシャルモードになっている。僕がパーティー会場でなかなか友達をつくることができなかったのは、英語がしゃべれないことだけが原因ではなかった。何のきっかけもなくプライベートモードからソーシャルモードへと切り替えるのが苦手だったのである。

ちなみに、友人たちは逆にソーシャルモードからプライベートモードへと切り替えるのも得意だった。パーティー会場で気に入った女性を見つけると、突然ふたりで姿を消してプライベートモードに変化する。このギャップがいいのだそうだ。当然、ソーシャルモードにすらなれない僕は、女性とふたりで姿を消すこともなかった。

偶然を計画的に起こす

欧米のワークショップ本はそのままだと参考にならないと書いた。しかし、その根底にある考え方などは参考になることが多い。たとえば、コミュニティデザイナーとして地域の人たちと関わる際に大切にしているのは「プランド・ハプンスタンス理論」というものだ。スタンフォード大学のクランボルツ教授という人が提唱している理論である。「プランド・ハプンスタンス」とは聞き慣れない言葉だが、「計画された偶然性」という意味らしい。この理論によると、幸運な偶然が起きやすくなるような行動というのがあり、そんな行動を支える基本的な考え方というのがあるという。その考え方は、「好奇心」「持続性」「柔軟性」「楽観性」「冒険心」の5つに大別される。

まずは「好奇心」をもってなんにでも取り組むこと。これは大切だ。地域に入ると知らないことがたくさんある。なんでも調べること、話を聴いてみること、見に行ってみること、食べてみることが大切である。地域の人に薦められたことは何でもやってみる。食べてみるし、行ってみる。そこで新しい発見があるかもしれないし、新しい人に出会うかもしれない。新しい土地へ行く場合は特に意識する。行く前からツイッターやフェイスブックでつぶやいておくと、親切な人たちが「あれを食べたほうがいい」「あの温泉に入ったほうがいい」「あのお寺を見ておいたほうがいい」と薦めてくれる。時間の許す限り訪れたいと思っている。さらに親切な人になると、自ら自動車を出していろいろ連れて回ってくれる。ありがたいことだ。回った先で人を紹介してくれたり、地域の情報を教えてくれたりする。こうして出会った人が、将来的にコミュニティのコアメンバーになってくれることも多い。

「持続性」も大切な要素である。よく「失敗したプロジェクトを教えてください」といわれる。ところが、あまり失敗したプロジェクトというのは思い浮かばないのである。逆にいえば、成功するまで続けているのかもしれない。コミュニティデザインの現場では、うまくいかないこともたくさんある。しかし、しつこく続ける。手を替え、品を替え、理想的な状況が生み出せるまで試行錯誤を繰り返す。コミュニティが自走するまで続ける。このこともまた、常に意識していることだ。

そして「柔軟性」。「手を替え、品を替え」と書いたが、コミュニティデザインの現場はこちらが思っていたとおりに動かないことのほうが多い。何しろ相手がいる仕事だ。主役はあくまでも住民なのだから、本人たちがやりたいと思うことでなければ前へ進まない。「こうでなければダメだ」などという主義主張をこちらが持っていてもほとんど意味がない。常に話を聴き、「いいですね！　じゃ、もっとこうしませんか？」と肯定と提案を繰り返す。話を聴く側に柔軟性がなければ、徐々に会話が途切れてしまう。楽しいと思えなくなる。ワークショップの場が楽しいと思わないと次回から参加してもらえなくなる。会話も活動も常に柔軟でありたいと考えている。

「楽観性」という意味では、僕たちは常に「根拠のない自信」をどこかに持っている。あるいは「地域の人に対する信頼」がある。ワークショップの場が荒れることもある。要望や陳情ばかりで建設的な意見が出てこないこともある。わがままばかりいう人がいることもある。その意見に会場全体がしらけることもある。当然、そんな日はホテルに戻って枕をぬらす。しかし、同時になぜか楽観しているところもある。なんだかんだいっても、「自分が住む地域が破滅すればいいんだ」と思ってワークショップに参加している人はいないはずだ、という楽観である。参加している人はすべて「地域が少しでもよくなって欲しい」と思っているはずだ。表現は違っていても、その奥にある気持ちは地域を愛する気持ちである。その目標へ到達する方法や考え方がそれぞれ違うだけなのだ。そう考えて、次のワークショップへと挑む。この楽観が気持ちを救ってくれることは多い。

最後は「冒険心」だ。これはヨソモノとして地域に入る人間の特権だろう。地域で新しいことを始めるのは難しいが、外から来た人間にならそれが提案できる。また、地域に住む人たちもそれを求めている。だからこそ、これまでとは違う新しいことをやろうと提案する。もちろん、その提案は地域の人たちの言葉を組み合わせてできあがるものでなければならない。どこかで成功した事例をそのまま持ち込むということはしない。事例はたくさん学ぶが、それらを組み合わせたり変形させたりして、毎回新しい提案としてまとめる。僕たちの事務所の打合せでは「生《なま》っぽい」という言葉が出ることがある。「それはあまりに生っぽいね」といえば、どこかの事例をそのまま適用しすぎているという意味だ。もっと別の事例も組み合わせたほうがいいし、ワークショップで出てきた言葉に鑑みればもっと工夫したほうがいい。地域の実情に合わせたほうがいいし、集まったメンバーの特徴が活かしきれていない。そう考えると、結局まだどこでもやったことのないようなことにチャレンジしなければならないことになる。もちろんそれはある種の冒険である。が、そうでなければ地域ごとの課題を乗り越えることはできないだろうし、そこに冒険心があるかどうかはワークショップの参加者も無意識のうちに感じ取るものである。

スタジオメンバーに必要とされる能力

事務所の仕事を思い浮かべて、コミュニティデザインに求められる能力を挙げてみた。基礎的な能力と持つべき技術とのふたつに分かれるような気がする。

基礎的な能力としては、「その人がいるだけで場が明るくなる」「常に新しいことにチャレンジする」「睡眠時間が短くても生きていける」の3つだろう。

持つべき技術については、①話す（司会進行や講座などを担当することができる）、②書く（議事録や記事や論文などを適切な文章表現で書くことができる）、③描く（図面やスケッチやイラストをサササッと描くことができる）、④調べる（適切な事例や地域の資源をすばやく見つけ出すことができる）、⑤引き出す（対話の中で相手のやる気や想いや意見を引き出すことができる）、⑥創る（さまざまな情報を統合化してビジョンや企画を生み出すことができる）、⑦作る（WEBページや冊子や家具などをデザインしたり組み立てたりできる）、⑧組織化する（人々の特徴を把握して自律的なコミュニティを組織化できる）、⑨まとめる（さまざまな事象を構造化して報告書などにまとめることができる）、⑩数える（スケジュールや予算が管理できる）の10種類が思い浮かんだ。この10種類については、頼まれればいつでもできるという状態でなければコミュニティデザインの仕事はできない。

そう思ってスタッフをひとりずつ思い浮かべてみるが、すべてできるという人が思い浮かばない。できる限りすべてできるようになって欲しいとは思うが、いまのところ「このうちのいくつかはできる」というスタッフばかりだという気がする。そういうスタッフの「できること」を組み合わせながらプロジェクトの担当者を決めている、というのが実情だろう。

これらの技術は練習すれば身につくものばかりである。そう考えれば、うちのスタッフは技術習得を怠っているということになる。このままではいかん。さっそく今日事務所へ行ったら、技術習得に抜かりなきよう全員に厳しく言い渡しておくことにしよう。

6. 教育について

実地訓練が大切

コミュニティデザイナーをどう育てるか。いまだに試行錯誤している課題である。基本的には実地訓練だろうと思っている。上杉鷹山《ようざん》のいうとおり、「してみせて、いって聞かせて、させてみる」のが一番だろう。

若手スタッフの場合、まずは写真撮影係としてワークショップの現場に連れて行く。写真撮影しながら、ワークショップの進め方を観察してもらう。通常、全体の進行を担当する人が1人、あとは7人ずつに分かれたテーブルに1人ずつ進行役が付く。若手スタッフが最初に学ぶのはテーブルの進行役だ。自己紹介から始まって、参加者の気持ちを少しずつ高め、意見が出やすい雰囲気をつくり、貴重な意見や想いを引き出していく。対話の方法やツールの使い方などを学んだ後は、実際にテーブルのひとつに入って進行役をやってみる。ところがなかなかうまくいかない。見たとおりにやろうとするのだが、どうもうまくいかないことに気づく。年齢や性別が違えばしゃべり方を変えなければならない。自分が参加者からどう見られているのかを把握して、進め方を考えなければならないのである。ところが、最初は見たままをやろうとする。だからどうしてもぎこちない。自分なりのやり方を生み出さなければならない。

ワークショップの進行は、自分が参加者からどう見られているのかということと、参加者がどういう人たちなのかに応じて毎回少しずつ変化させなければならない。だから、その方法は千差万別である。本人の個性と参加者の個性を掛け合わせた分だけ方法がある。それをマニュアル化するのは難しい。基本的な方法は伝えるにしても、あとは現地で何度もやり方を試してみて、そのつど修正しながら独自のスタイルを生み出す必要がある。

ワークショップが終わると、気づいた点をスタッフに伝える。緊張すると腰に手を当てる癖がある人がいる。無意識のうちに腕を組んでしまう人もいる。すべての質問に自分が答えようとしてしまう人もいる。偉そうなしゃべり方になってしまう人もいる。ところが、こうしたことに気づかないことが多い。緊張しているのである。ワークショップの光景をビデオ撮影しておいて、あとから確認してもらうこともある。こうして気づいたことを本人が自ら少しずつ直していく。この繰り返しだ。

電話をする際に鏡を置いて、相手との会話を表情豊かに進める方法を自分で学ぶスタッフもいる。面白いと思ったら、ちゃんと「面白いと思いました」という表情ができなければならない。面白いと思ったけど、それが表情で伝わらないというのでは、テーブルの司会進行は務まらない。同様に、困ったときはみんなが見て「この人はいま困っているな」とわかるような表情になる必要がある。これをひとりで練習するのは恥ずかしいしわざとらしいので、電話の相手がいるときに対話しながら練習しているのである。

大学の教育にも実践を

実地訓練が大切なコミュニティデザインなので、大学で学生に指導する際もできるだけ現場をつくるようにしている。事あるごとに大学の外に出て地域の人たちにインタビューしたり、ワークショップしたりしている。

コミュニティデザインは、それだけを専門とするよりも、ほかの分野と組み合わせて使うのが効果的だと考えている。建築を学んだ学生がコミュニティデザインを学ぶとか、福祉の分野にコミュニティデザインを持ち込むといった具合だ。教育分野にもコミュニティデザインの視点が欠かせない。したがって、僕が担当するゼミは大学院に設置することとした。学部時代に専門性を身につけた学生が、大学院でコミュニティデザインを学ぶ。そうすることで、これまでとは違った専門家が誕生することになるのではないかと期待している。また、コミュニティデザイン側からしても、福祉分野や教育分野で活躍するコミュニティデザイナーが誕生するのが楽しみなところだ。

「ソーシャルデザイン」という言葉がある。社会的な課題を解決するために、ものの力タチだけでなく社会の仕組みや組織のあり方などを含めてデザインするという考え方だ。コミュニティデザインは、ソーシャルデザインのひとつの方法だと考えている。したがって、僕が教えている大学院はソーシャルデザインを学ぶ場所だと位置づけている。もともと、空間デザイン、ファッションデザイン、ジュエリーデザインなどを学ぶ学生が集まる学科なので、その素材をどこから調達してくるのかということを考えて地場産業や地域を元気にするデザインを考えるローカルデザインや、廃棄物から新しい価値をつくりだすリサイクルデザイン、高齢者や障がい者の行動特性をデザインに取り込むインクルーシブデザイン、エネルギーや生態系に配慮したエコロジカルデザイン、住民参加でムーブメントを生み出していくコミュニティデザイン、プロジェクトが持続的に続くように仕組み全体を考えるサスティナブルデザインなどを対象領域とした。横文字ばかりで恐縮だが、こうしたさまざまなデザインをソーシャルデザインの具体的な方法として学生たちと検討しようとしている。ここでの実践を通じて、横文字のデザイン手法が徐々に日本になじむ形で定着することを願っている。

ソーシャルデザイン

デザインとは何か。この問いは「コミュニティとは何か」と同様に多くの定義が存在する。しかも、その定義は時代とともに変化する。前にも挙げたとおり、「コミュニティ」の定義は1950年代の社会学だけでも90種類以上あり、共通する点は「人々」と「場所」だけだったという。デザインとは何かという問いも、調べれば限りなく定義があることだろう。ここでは、「社会的な課題を解決するために振りかざす美的な力」としておきたい。これはあるシンポジウムで質問されたときに答えたものだ。社会的な課題、つまりより多くの人たちに関係している課題を、美しく解決しようとする行為というわけだ。たくさんの人が「解決したほうがいいと思うんだけどなぁ」と思っている課題を見つけ、それをたくさんの人が「いいねぇ！」と共感するような美しい方法で解決していくこと。これがデザイン行為だと考えている。デザイン（design）という言葉は、単に記号的な美しさ（sign）を脱して（de）課題の本質をつかんで解決しようとする行為だと捉えたい（語源は「作品に署名する」という意味のようだ）。

そう考えると、デザイン自体が社会的な行為なのだから、わざわざソーシャルデザインと呼ばなくてもいいのではないか、という気がしてくる。そのとおりだ。デザインはそもそもソーシャルな行為だったはずなのである。ところが、この50年くらいはデザインがコマーシャルな分野で活躍してきた。その結果、デザインという言葉を聞くと商業的なイメージが立ち上がるようになった。もちろん、今後もコマーシャルなデザインは続くことだろう。しかし、一方ではソーシャルなデザインも必要になる。自殺の問題にデザイナーはどう対応するのか。災害、限界集落、教育、エネルギー、高齢者福祉、廃棄物、エイズ、戦争、貧困の問題にどう対応するのか。コミュニティデザインを含むさまざまなデザイン領域を駆使して、こうした課題を解決するようなソーシャルデザインについて大学で学生たちと検討し、スタジオで実践したいと考えている。

そのため、山崎ゼミの学生は大学の席に加えて僕が主宰するstudio-Lの事務所にも席が用意されている。週の半分は大学の席で学び、残り半分は事務所の席で実践を経験する。学生たちが学ぶために、三重県伊賀市島ヶ原にある穂積製材所に新しい事務所をつくった。ここは以前から製材所の跡地を活用するプロジェクトを進めてきた場所だ。日本の国土の三分の一を占めるスギ・ヒノキの人工林。この森林が放置されることによってさまざまな課題が生じている。かつては木材を切り出していたのだが、海外から輸入される木材が安く入ってくるようになってからは、国産材を使うほうが割高だということになった。その結果、国内には管理されないスギ・ヒノキ林が増え、そこから土砂が流出したり地すべりが起きたりして大きな課題となっている。こうした課題に対応するため、都市部に住む人が泊りがけで製材

製材所で入手できる材料を余すところなく使って自力建設した伊賀事務所

所を訪れ、地域産材を使った家具づくりが体験できる場所をつくろうというプロジェクトを始めた。２００７年のことである。

その後、プロジェクトはゆっくりと進み、ようやく先日プロジェクトを進めるための事務所が製材所内に完成した。もちろん、地域産材を使った事務所だ。この事務所に studio-L のスタッフが常駐するとともに、大学院生やインターンの学生が通うことになる。

studio-L の機能を一部、製材所に移転しようと思ったのは２０１１年の3月12日である。東日本大震災が起きた際、東京都心部で多くの帰宅難民が生じ、さまざまな混乱が起きているのを目の当たりにした。大阪の studio-L も同様に都心部に位置する。いざというときは機能不全に陥ることは必至だ。そこですぐに三重県の製材所で進めていたプロジェクトの用地内に、studio-Lの事務所をつくることにした。それから1年。ゆっくり進めてきた事務所づくりはひと段落した。今後は、ここを建築家のフランク・ロイド・ライト(1867〜1959)が目指した「タリアセン」という働き場であり学び場でもあるような場所にしていきたいと思っている。新人のコミュニティデザイナーや全国から集まるインターン、大学院の山崎ゼミの学生などが、実務を通してさまざまな学びを得る場所であり、周辺地域の人たちが気軽に立ち寄れるような場所になることを目指している。

自分が偉大な建築家であるライトのようになれるとは思っていないが、僕たちが製材所で活動することによって、地域に少しでも新しい流れが生まれることを願っている。

7. 行政職員との付き合い方

行政の特徴

「行政の動きが遅い」「行政がいうことを聞いてくれない」という話を聞くことが多い。気持ちはわかる。特に、市民活動団体は志を持って活動を展開しており、目の前にある社会的な課題を何とか解決しようと日々努力している。行政の力を借りたくなることも多いだろう。ところが、行政はその動きに対応しきれない場合が多い。市民活動団体と同じような速度で意思決定できないことのほうが多い。それは、5年間だけだが県の研究員をやっていたからよくわかる。行政の職員はすぐに動けない仕組みのなかで働いているのである。

起案にしても決裁にしても、ものごとがすぐに進むという仕組みになっていない。必要であればすぐに動いて、交通費や必要経費は領収書をもらっておけば後で支払いがある、という仕組みではない。何の理由でその場所へ行くのか、その場所以外で行けそうな候補地はないのか、その場所へ行くことによって得られるものはどんなものなのか、ということを整理し、添付資料も挟み込んだ旅行命令関連書類が上司に認められなければ出張にも行けない。それに、その書類を起案してから自分の手元に戻ってくるまでに早くても2週間はかかる。もちろん、こうした仕組みを変えていくべきだという話も必要だろう。しかし、すぐに変わるものでもなさそうだ。こうした仕組みが全国一律だからこそ、他の部署に異動してもすぐ仕事ができるわけだし、東日本大震災のように他の役所へ応援に行ってもすぐに仕事ができる。個人が公金を無駄に使うということも生まれにくい仕組みであり、議会や住民に対して何をしているのかが説明できる仕組みでもある。こうした特徴を引き継いだまま、新しい仕組みを生み出すためには、まだ少し時間がかかるのだろうと思う。

熱い行政職員との出会い

だから、行政の仕事が遅いことはしょうがないので諦めてください、といいたいわけではない。そんな仕組みのなかでも、すばやく仕事をしたり、特徴的な仕事をやり遂げる職員がいる。そこにヒントがあるのではないかと考えているのである。

うちの事務所の仕事は8割が行政とのものだ。なかでも、うまくいったと思える仕事には、例外なく優秀な行政職員が関わっている。「優秀な」というのは、コミュニティデザインに関する仕事をする際に力を発揮できた職員というほどの意味である。「熱い行政職員」といってもいい。僕たちが最初に経験したまちづくりのプロジェクトである「いえしまプロジェクト」では、旧家島町役場に熱い人がいてくれた。この人の熱意が町長を動かしていたし、僕たちが進めるプロジェクトをサポートしてくれていた。「島の幸福論」をつくったときの島根県海士町にも、「こども振興計画」をつくったときの岡山県笠岡市にも、「泉佐野丘陵緑地のパークレンジャー」を組織化したときの大阪府にも、「有馬富士公園のパークマネジメント」を検討したときの兵庫県にも、そういう職員がいた。

最近では、東京都墨田区、神奈川県横浜市、栃木県真岡《もおか》市、群馬県、滋賀県栗東《りっとう》市、広島県、宮崎県延岡市、佐賀県佐賀市、大分県豊後高田《ぶんごたかだ》市に、それぞれ熱い職員がいる。いや、ほかにもまだたくさんいる。ここにすべての実名を列挙したいくらいだ。

こうした職員たちは、動きにくい行政内部でよく動き、通しにくい起案をよく通し、調整しにくい案件をよく調整し、説明しにくい企画をよく説明した。僕たちが関わったプロジェクトが一定の成果を収めているとするならば、実際に活動したコミュニティの力はもちろんのこと、そのプロジェクトを行政側からサポートした職員の力が大きいといえるだろう。僕たちにできることは、その両者を少しだけ手伝うことくらいである。

こうした職員が評価されるような人事評価システムが必要である。いまのところ、住民と何度も話し合い、これまでの仕組みでは進めにくいことを進めた職員は、そのことについて別段の評価があるわけではない。業者に発注して進行管理しただけの職員も、住民とともに新たな仕組みで事業を進めた職員も、「失敗せずに業務を遂行した」という点でいえば同じ評価なのである。余計なことをせず、失敗せずに仕事が進められればそれなりの評価になるし、それ以上のことをしても特に評価されることがない職場なのである。

そんな職場で熱くプロジェクトに邁進《まいしん》できる人と出会えることは奇跡的であり、だからこそ格段に面白いプロジェクトが生まれることになるのだが、こうした人の出現を奇跡的なことにしない仕組みが必要だと思う。すでに訪れている大住民参加時代の行政は、これまでのように首をすくめて失敗しないように淡々と業務を遂行するだけでなく、新たなことに挑戦して成功した職員を評価する仕組みにすべきだろう。そうでなければ行政の仕事が立ち行かなくなる時代である。さらに進んで、新たなことに挑戦したなら、失敗しても評価されるような仕組みになれば、熱い行政職員はさらにたくさん出現するはずだ。

熱い行政職員リスト

とはいえ、いまのところ熱い想いを持った行政職員は孤独である。理解ある上司や首長が個人的に応援してくれることはあっても、困ったときに相談できる相手はそれほど多くない。目の前の課題を乗り越えようにも、当然のように前例がほとんどない。こうした相談に乗ってくれるような全国のネットワークが生まれるといいのではないか。仕組みが同じなだけに、他の自治体でうまく進めている人に相談すれば参考になるはずだ。

先ほど挙げたとおり、全国の市町村や都道府県にはそれぞれ熱い職員がいる。僕がまだ出会ったことがない職員もたくさんいるだろうことを考えれば、熱くなりにくい職場とはいえ、相当数の「熱い行政職員」がいることだろう。こうした人たちがこれまでの常識では乗り越えられなかった方法でプロジェクトを推進しているとすれば、そういう人たち同士がお互いに相談し合えるような仕組みがあるといいだろう。

地域活性化の分野で活躍する人たちをリスト化した「地域活性化伝道師」という仕組みがあるそうだが、このリストに登録されているのはほとんどが民間人だ。同じような行政職員版の仕組みがあれば、同じ立場で試行錯誤している行政職員がアドバイスを求めやすくなるだろう。全国一律の仕組みだからこそ、どこかでうまくいった方法は他の自治体で仕事をする職員にとっても参考になるはずなのだ。どうやってその事業を起案したのか、どうやって予算をつけたのか、どうやって議会を説得したのかなど、お互いに情報共有することで進められるプロジェクトがいろいろあるだろう。このリストに登録されている行政職員にアドバイスを求めに行くなら、旅行命令簿も簡略化されるということになれば、すぐにでも話を聞きに行きたい職員がたくさんいるはずだ。

行政は「貝」である

住民側も行政の使いこなし方を身につける必要がある。コミュニティデザインの仕事をしているると、たまに行政批判を繰り返す市民活動団体に出会うことがある。いいことをやっているのだが、批判ばかり出てきてしまうのでもったいない。

行政は「貝」のような存在だ。つつけばすぐに殻を閉じる。閉じたらどれだけつついても開かない。そういうシステムになっている。もし、行政と協働してプロジェクトを進めようと思うなら、行政職員が気持ちよく仕事ができるような状態をつくるべきだ。気持ちよくなれば、彼らは徐々に殻を開いてくる。一緒に仕事をするパートナーになってくれる。

手柄は彼らに与えなければならない。そして、彼らがそのことで出世するように願わねばならない。官民協働の意義や楽しさを知った行政職員が出世して、その後も多くのプロジェクトが生まれるようになるのが理想的である。

いま、全国の行政職員は熱くなりにくい職場で働いている。そのなかでも、奇跡的に熱くなっている人がいる。こういう人たちとひとつずつ意義のあるプロジェクトを成就させていきたいと思う。きっと、まだ僕が出会えていない「熱い行政職員」はたくさんいるはずだ。そうした人たちと仕事ができる日を楽しみにしている。

8. コミュニティの自走

仕事の区切り

「コミュニティデザインの仕事はどういう状態になると終わったことになるんですか」と聞かれることが多い。どこが終わりなのかがわかりにくいということなのだろう。正直にいえば、僕もどこが仕事の区切りなのかよくわからないことのほうが多い。ひとつの地域で続けていくつかの案件を相談されると、どの仕事がどこで区切りだったのかがわかりにくい。たとえば島根県の海士町では、最初に住民とともに総合振興計画をつくる仕事を依頼された。2年間で計画を策定し、その後の1年間はコミュニティの活動をサポートした。

3年間でプロジェクトが終わったように見えたが、その後も、福祉作業所の運営計画づくり、高校の魅力化、集落支援員の研修、独身者限定のシェアハウスづくり、町民ディレクターによるケーブルテレビの番組づくりなどに携わり、結局合計6年間も海士町とお付き合いしていることになる。

ひとつの仕事は平均して3年くらいで区切りにしたいと考えている。最初の年にワークショップを実施して計画づくりと組織づくりを進める。2年目は生まれたコミュニティがそれぞれの活動を展開する。3年目は活動を継続的に続けるための仕組みを構築する。おおむねこの3年で僕たちの関わりはひと区切りにしようと考えている。ただし、1年目の内容が長引いて2年間続いたため、結局4年間お付き合いする場合もあるし、1年半でコミュニティが自立的な活動を展開する場合もある。ひとつのプロジェクトは、最長でも5年以内に区切りをつけたいと考えている。

コミュニティデザインの仕事がひと区切りしたと思う基準はさまざまだが、おおむね「コミュニティが自走し始めた」と思うところまで来たら僕たちの仕事はほとんどなくなったと判断することが多い。コミュニティにおける各人の役割分担が明確になり、なにを目指して活動するか、具体的に活動をするかが共有されており、すでに何度か活動した実績があるという状態。また、自ら事例を調べたり、新しい企画を生み出したりすることができ、新たなメンバーを募集することができ、自分たちの活動をしっかりと広報できるツールや技術を手に入れている状態。さらに、まちづくり基金などのコミュニティを応援する仕組みが整い、コミュニティ自身も助成金や補助金などの競争的資金を適宜手に入れることができるような書類がつくれるようになった状態。こうした状態になったら、コミュニティは自ら走っているといえよう。いよいよ僕たちの仕事も終わりに近づいた、というわけだ。

根が体育会系なので卑近な例しか思いつかないのだが、コミュニティが体育会のサッカー部やラグビー部みたいな存在になるのが理想的である。毎年4月になると新入生を勧誘し、上級生は順番に卒業していく。卒業生はOBやOGとして活動を側面支援する。誰にいわれるわけでもなく、自ら練習して技術を高め、ポジションを決め、チームワークを大切にし、たまに練習試合や本試合に挑戦する。部費を集めてチームを運営しつつ、その活動自体を楽しむことができている状態。コミュニティデザインとは、「大人の部活動づくり」なのかもしれない。

地域の力学の外側にいること

大人の部活動は、構成員が大人なだけに生徒や学生とは違った論理が必要になる。そのひとつがヨソモノの存在だ。地域にはさまざまな人間関係がある。特に中山間離島地域だと、誰かが自ら「この指とまれ！」と部活動を立ち上げることが憚《はばか》られる場合が多い。「自治会の許可なく」とか「婦人会の手前」など、なかなか新しい活動を起こしにくい。中には「いい活動だとは思うが、あいつがいいだしっぺなら俺は参加したくない」というような人間関係の力学も影響する。地域では、「何をいったか」ではなく「誰がいったか」が重要な場合が多い。

新たな活動を始めにくいということは、ほかならぬ地域住民自身が一番よくわかっている。だから彼らはそのきっかけを待っている。ヨソモノが入ってきて、みんながやりたいと思っていることを堂々と語ってくれることを待っている。誘ってくれることを待っている。そこへ僕たちが舞い込むことになる。

当然、地域の人たちは僕たちをうまく利用しようとする。自分がいいたかったこと、やりたかったことを僕たちにいわせようとする。僕たちもそれを感じ取って、さらに多くの人たちに共感してもらえるようなカタチで表現しなおす。ここには暗黙の了解が成立していることが多い。「私がいうと角が立つから」「僕の口からはいえない」という言葉がワークショップの端々に出てくる。こうした意図を汲み取って、より多くの人たちが望んでいることを言葉にするのが僕たちの役割である。

まちづくりの専門家と呼ばれる人のなかには、地元に密着して仕事をする人もいるそうだ。なかには地元に住み込んでまちづくりを続けているという人もいるらしい。「どれだけ地元に入り込んだかが大切だ」といわれることもある。「まずは当事者意識を持つところから始めなきゃ」「どっぷり地元に浸かっているので」という話になることも多い。確かにそういうまちづくりの進め方もあるだろう。しかし、僕たちはなるべく地元に入り込まないようにしている。地元に入り込むということは、人間関係の力学の内側に入るということだ。そうなるといえなくなることが出てくる。いろいろわかっているからこそ、いってはいけないことが見えてくる。そうなると、地元の人たちは僕たちを利用することができなくなる。誰の味方でもなく、どこの派閥でもなく、ひたすらワークショップで出た意見をまとめて示し続けること。このヨソモノの立場に徹することにしている。

現在でもアジアやアフリカの国では集落ごとに祖先の霊を呼び寄せることができる人がいるそうだ。その人に祖先の霊が乗り移ると、一時的にその人は集落内部の人ではなくなる。しがらみから外へ抜け出すことができる。そのとき発せられる言葉は、集落に住む人たちが無条件で従わざるを得ない言葉となる。集落では、じっくり時間をかけて議論し尽くしても決まらないことがある。誰かが決めなければ先に進まないという状態になったとき、部外者を登場させて意思決定してしまうという仕組みは、かつての日本にも存在していたはずだ。コミュニティデザイナーも同様に、コミュニティの部外者であるからこそ聞き入れてもらえる言葉を持ち得るのだろう。そう考えて、最後までヨソモノとしての立場を崩さないようにしている。

思えば僕はずっとヨソモノだった

よく考えてみれば、幼稚園のころから僕はずっとヨソモノだったような気がする。親が転勤族だったため、おおむね4年に一度は転校生になる。クラスに馴染んできたなぁ、と思ったころに引越しすることになる。幼稚園も小学校も中学校もふたつずつ通った。そのたびに転校生としてクラスをヨソモノの視点から観察する。誰がクラスのボスなのか。誰と仲良くなると仲間に入れてもらいやすいのか。誰と誰は仲が良くて、誰とは仲が悪いのか。そういうことばかり読み取ろうとしていた。自分でも嫌な小学生だと思っていたが、そうやって自分の立ち位置を見つけなければクラスの中に入っていくのが難しかった。

いまも同じことをしているような気がする。集落へ行っては、誰が権力者なのか、誰が正しいことをいっているのか、誰の意見が重視されているのか。誰と誰は仲がいいのか。そんなことを読み取ろうとしている。そして、4年くらい経ったらその集落からいなくなる。いまでも転校生のような生活である。

そんな少年時代だったから、「出身地はどこですか?」と聞かれるのがつらい。どこも4年間しか住んでいないので、出身地は適当に決めるしかない。出生地は明確だが、僕の場合は生後2年間しかその場所に住んでいない。もちろん当時の記憶はない。

だから「ふるさと」を持つ人に対する憧れがある。「いつかは地元に戻って働きたいと思っているんだ」「出身地を元気にしたいと思っています」という言葉を聞くたびに羨ましくなる。逆に、ふるさとを悪くいう言葉を聞くのはつらい。「田舎だから」「何もないから」「足を引っ張り合う」「新しいことができない」。せっかくふるさとを持っているのに、それを悪くいうのはもったいない。ふるさとはいい場所であって欲しい。だから、その手伝いがしたいと思う。どこまで行ってもヨソモノだが、その立場から少しでもふるさとがいい状態になるように努力したい。どの場所も、たくさんの人にとってのふるさとであり続けるのだから。

相変わらず僕にはふるさとがない。でもいつか、自分が関わったことのあるまちをふるさとにさせてもらいたい。コミュニティが自走して、僕たちが関わらなくなってから何代も代替わりしたころにふらりと立ち寄って、そのまちがどうなっているのかを見に行きたい。そのころまちづくりに関わる現役世代に「どちらさんですか？」と問われて、「むかし、ちょっとだけこのまちに関わったことがある者です」なんて答えながら旅をしてみたいものである。

あとがき

「休みの日はあるんですか？」と聞かれることがある。確かに、毎日のようにワークショップか講演会でしゃべっている。しゃべり終えると、だいたい地元の人が地域で自慢の店に連れて行ってくれる。こういう場所で食べる食事がうまい。運がいいと、食事のあとに温泉がつく。「源泉掛け流し」の温泉であればなおよい。最高の気分で宿に戻り、翌日は次の現場に向けて移動する。

この繰り返しである。つまり、移動し、しゃべり、食べ、入り、また移動し、しゃべり、食べ、入る。働いているんだか、旅行しているんだかわからない毎日である。「休みの日はあるんですか？」と聞かれると答えに窮するが、本当のことをいえば毎日が休みの日のようなものだと感じている。いつかちゃんとした仕事をしなければなるまい。

そんな旅の合間に書いたのが本書である。それぞれの文章が短編になっているのは、移動中の新幹線や風呂上がりの部屋で思いついたことをササッと書くのに適しているからだ。ワークショップや講演会でいただいた質問と、そのとき咄嗟《とっさ》に考えた答えとを反芻《はんすう》しながら、「ああ、答え方を間違えたな」「本当はこうだったな」「今日は我ながらうまく答えられたな」などと思いながら原稿を書く。

本書の企画は、編集者の戸矢晃一氏によるものだ。上記のような日々を過ごすなか、講演を聞きに来てくれた氏が、終了後に「本を書きませんか？」と声をかけてくれた。まだ前著『コミュニティデザイン』を執筆中だった頃のことである。「いま、プロジェクトの詳細をまとめた本を執筆中なので、それが終わったらご一緒しましょう」と約束したまま、2年近くも時が経ってしまった。長い間お待たせしたことをお詫びすると同時に、それでも愛想を尽かさず導いてくれたことに感謝する次第である。

「ワークショップや講演会で出た質問に答えるように書いたらどう？」と助言してくれたのは編集者の尾内志帆さんである。壮大な「コミュニティデザイン論」を書かねばならないと頭を抱えていた僕の気持ちを一気に静めてくれた。おかげでスラスラと原稿が書けるようになった。ありがたいことである。

ツイッターやフェイスブックで励ましてくれたみなさんには特に感謝している。「今日はこのへんで原稿執筆を終えようかな」と思っているときに「新しい本、期待してます！」というつぶやきがあると、「もう少し書こうかな」と思えたものだ。こうしたつぶやきの数々が原稿執筆を前に押し進めてくれたといえよう。

書籍のタイトルや装丁については、いつも出版社や編集者が提案してくれたものに従うことに決めている。原稿を最初に読んだ「読者代表」が感じたことをタイトルや装丁に反映させるのがいいと考えているからだ。『コミュニティデザインの時代』というタイトルは、思いつくままに書き散らかした原稿をまとめた書籍としては大上段に構えすぎているような気がする。が、原稿を読んだ「読者代表」が感じたことをタイトルに反映させた結果なのだから、それもよかろうということで了承した。

本書のなかで、コミュニティの価値、活動することの楽しさ、「儲け」の多様さ、仲間のありがたさについて散々述べた。人とつながることによって自分の人生が豊かなものになること、まちの豊かさはそこから生まれることなどをたっぷり語った。しかし、それでもなお、いま僕が感じているコミュニティの価値や活動の楽しさをうまく伝えられているとは思えない。それはやはり、みなさん自身がコミュニティの活動に参加し、協働し、その楽しさを実感しなければ伝え切れないものなのだろう。住民としてコミュニティに関わるのもいいし、デザイナーとしてコミュニティに関わるのもいい。活動の意義を実感するとともに、その難しさを体感した人たちとともに、またワークショップや講演会で意見交換してみたいものである。そこでやりとりされる質問や回答は、きっと実感の伴った中身の濃いものになるはずだ。そういう対話を楽しみにしながら、しゃべり、食べ、入り、移動するコミュニティデザインの旅を続けたいと思う。

なお、第2章の「6. 変化するコミュニティデザイン」だけは、『ビオシティ』2011 No. 49（ブックエンド）に掲載した「進化するコミュニティデザイン」を改題し、若干手を加えている。

さて、本書のあとがきもそろそろ終わりである。旅の合間に書いた原稿を集めた本書のあとがきもまた、温泉旅館の一室で書いている。そろそろ執筆を終えて、温泉にでも入りにいくとしよう。

2012年8月30日　古牧温泉「青森屋」にて

山崎　亮

める市民農園プロジェクト。空き地を少しずつ農園に変え、地域内に緑を増やすとともに、食べ物を通じたコミュニティづくりを進める。近隣で活動するNPO法人コトハナや建築家集団ドットアーキテクツと協働しながらプロジェクトに携わる。

◆いえしまプロジェクト（兵庫県姫路市）

studio-Lが始めて関わったまちづくりプロジェクト。ガイドブックづくり、フィールドワーク、特産品開発、ゲストハウスづくり、観光メニュー開発などに携わる。2006年には現地に「NPO法人いえしま」が設立され、そのころからstudio-Lの関わりは少しずつ減っている。

◆海士町プロジェクト（島根県海士町）

市民参加による総合計画づくりをきっかけに、福祉施設の運営計画づくり、集落支援員の研修、高校の魅力化、テレビ番組ディレクターコミュニティの養成など、多くのプロジェクトに携わる。

◆ 佐賀まちなかプロジェクト（佐賀県佐賀市）

佐賀市の中心市街地活性化の一環として、まちなかで活動するコミュニティを集め、協力して活動するための仕組みづくりを担当。活動場所として建築家の西村浩氏が設計した「わいわいコンテナ」が2ヶ所あり、今後は古い建物をリノベーションするために建築家の馬場正尊氏もプロジェクトに関わっている。

本書に出てくる主なプロジェクトの概要

◆有馬富士公園（兵庫県三田市）

県立公園の開園前から関わったプロジェクト。公園周辺で活動するNPOやサークル団体などのコミュニティが園内で活動するための仕組みづくりに携わった。

◆マルヤガーデンズ（鹿児島県鹿児島市）

鹿児島の中心市街地で開業するデパートにコミュニティが活動できるスペースを設け、市内のコミュニティを回って活動団体を募り、デパート内で活動するきっかけをつくった。全館のデザインディレクターはナガオカケンメイ氏、建築設計は竹内昌義氏がそれぞれ担当。

◆延岡駅周辺整備（宮崎県延岡市）

駅舎および駅前広場のリニューアルに際し、周辺地域で活動するコミュニティとのワークショップを開催。コミュニティの活動が駅周辺への来訪者を生み出すことを目指している。駅周辺のデザインは建築家の乾久美子氏が担当。

◆近鉄百貨店新本店（大阪府大阪市）

マルヤガーデンズ同様にデパート内で活動するコミュニティづくりを担当。大阪府下のみならず、近鉄沿線である奈良や和歌山からも活動団体が参加している。建築設計はシーザー・ペリ氏、内装設計は間宮吉彦氏が担当。

◆北加賀屋クリエイティブファーム（大阪府大阪市）

北加賀屋に多くの土地を持つ不動産会社「千島土地」が進

山崎 亮（やまざき・りょう）

1973（昭和48）年，愛知県生まれ．コミュニティデザイナー，社会福祉士，studio-L 代表，東北芸術工科大学教授，慶應義塾大学特別招聘教授．人と人とのつながりを基本に，地域の課題を地域に住む人たちが解決し，一人ひとりが豊かに生きるためのコミュニティデザインを実践．まちづくりのワークショップ，市民参加型のパークマネジメントなど，毎年50以上のプロジェクトに取り組んでいる．

著書『コミュニティデザイン』（学芸出版社，2011）
『ソーシャルデザイン・アトラス』（鹿島出版会，2012）
『ふるさとを元気にする仕事』（ちくまプリマー新書，2015）
『コミュニティデザインの源流 イギリス篇』（太田出版，2016）
『縮充する日本』（PHP 新書，2016）
『地域ごはん日記』（パイインターナショナル，2017）
『ケアするまちのデザイン』（医学書院，2019）
共著『まちの幸福論』（NHK 出版，2012）

コミュニティデザインの時代《じだい》
中公新書 2184

2012年9月25日初版
2021年1月10日13版

著　者　山崎　亮
発行者　松田陽三

本文印刷　三晃印刷
カバー印刷　大熊整美堂
製　本　小泉製本

発行所　中央公論新社
〒100-8152
東京都千代田区大手町 1-7-1
電話　販売 03-5299-1730
　　　編集 03-5299-1830
URL http://www.chuko.co.jp/

Published by CHUOKORON-SHINSHA, INC.
Printed in Japan　ISBN978-4-12-102184-7 C1234

中公新書

社会・生活

1
1

- 2484 社会学 加藤秀俊
- 1242 社会学講義 富永健一
- 1910 人口学への招待 河野稠果
- 2282 地方消滅 増田寛也編著
- 2333 地方消滅 創生戦略篇 増田寛也 冨山和彦
- 2355 東京消滅—介護破綻と地方移住 増田寛也編著
- 2580 移民と日本社会 永吉希久子
- 2454 人口減少と社会保障 山崎史郎
- 2446 人口減少時代の土地問題 吉原祥子
- 1914 老いてゆくアジア 大泉啓一郎
- 2607 アジアの国民感情 園田茂人
- 1479 安心社会から信頼社会へ 山岸俊男
- 2322 仕事と家族 筒井淳也
- 2475 職場のハラスメント 大和田敢太
- 2431 定年後 楠木新
- 2486 定年準備 楠木新
- 2577 定年後のお金 楠木新
- 2422 貧困と地域 白波瀬達也
- 2488 ヤングケアラー—介護を担う子ども・若者の現実 澁谷智子
- 1894 私たちはどうつながっているのか 増田直紀
- 2138 ソーシャル・キャピタル入門 稲葉陽二
- 2184 コミュニティデザインの時代 山崎亮
- 1537 不平等社会日本 佐藤俊樹
- 265 県民性 祖父江孝男
- 2474 原発事故と「食」 五十嵐泰正
- 2489 リサイクルと世界経済 小島道一
- 2604 SDGs(持続可能な開発目標) 蟹江憲史